"十二五"江苏省高等学校重点教材

水力机组状态监测与故障诊断

郑 源 主 编

屈 波 潘 虹 葛新峰 副主编

中国水利水电出版社
www.waterpub.com.cn

内 容 提 要

本书系统讲述了水力机组状态监测与故障诊断技术的原理、方法、实施技术和应用。全书共分6章，主要介绍了状态监测常用传感器，水力机组状态监测技术，状态监测信号的采集与特征提取，水力机组故障机理分析，水力机组智能故障诊断模型等内容。

本书可作为能源与动力工程专业（水动方向）及相关专业的本科生教材，也可供水利水电工程、流体机械及工程等方向的研究生使用，还可供从事水轮发电机组安装检修、试验研究、运行管理的广大科技工作者参考。

图书在版编目（ＣＩＰ）数据

水力机组状态监测与故障诊断 / 郑源主编. -- 北京：中国水利水电出版社，2016.6
"十二五"江苏省高等学校重点教材
ISBN 978-7-5170-4519-9

Ⅰ. ①水… Ⅱ. ①郑… Ⅲ. ①水力机组－设备状态监测－高等学校－教材②水力机组－故障诊断－高等学校－教材 Ⅳ. ①TM312

中国版本图书馆CIP数据核字(2016)第197972号

"十二五"江苏省高等学校重点教材 （编号：2015—2—073）

书　　名	"十二五"江苏省高等学校重点教材 **水力机组状态监测与故障诊断**
作　　者	郑源　主编
出版发行	中国水利水电出版社 （北京市海淀区玉渊潭南路1号D座　100038） 网址：www. waterpub. com. cn E-mail：sales@waterpub. com. cn 电话：（010）68367658（发行部）
经　　售	北京科水图书销售中心（零售） 电话：（010）88383994、63202643、68545874 全国各地新华书店和相关出版物销售网点
排　　版	中国水利水电出版社微机排版中心
印　　刷	三河市鑫金马印装有限公司
规　　格	184mm×260mm　16开本　10.25印张　243千字
版　　次	2016年6月第1版　2016年6月第1次印刷
印　　数	0001—3000册
定　　价	**48.00元**

前　　言

截至 2014 年年底，我国水电总装机容量已经突破 3 亿 kW，居世界第一。随着金沙江、雅砻江、大渡河、澜沧江、怒江、黄河上游干流等 6 个大型水电基地以及雅鲁藏布江等河流上重点水电站的开工建设，预计 2020 年我国水电装机容量将达 4 亿 kW。随着水电开发程度的不断扩大，水力机组也日趋向高水头、高效率和大容量发展。另一方面，由于水力机组启、停迅速，负荷调整快速方便，在电网中承担了大量的调峰、调频、调压和事故备用任务，对于设备的工况切换要求愈加频繁。这些都对机组的安全稳定运行提出了更高的要求。

随着传感技术、信号处理与分析技术、网络及远程控制技术、计算机技术以及相关科学技术的快速发展，从 20 世纪 90 年代，我国开始探索以状态检修为特征的维修模式。水电站以先进的监测技术为前提，有针对性地开展机组运行设备监测，以智能诊断技术为手段，准确可靠的对运行设备的故障、缺陷、寿命进行分析决策，实施预测维修制度，给水电站及电网带来了显著的经济效益和社会效益。目前，水力机组状态监测与故障诊断已成为当今水电站运行保障技术发展的必然趋势。

本书共分 6 章，系统地介绍了水力机组状态监测与故障诊断相关的传感器监测及信息分析处理的基础知识和水电站实际运行过程中的状态监测技术和故障类型，同时增加了近年来新知识、新理论、新技术在水力机组状态监测与故障诊断专业领域的应用内容，充分反映了专业与学科前沿的发展趋势，结合工程实例对主要的技术难点和研究方向进行了介绍。主要内容有：第 1 章绪论，阐述了水力机组状态监测与故障诊断的任务和技术发展；第 2 章状态监测常用传感器，介绍了传感器的选用原则和工作原理等基础知识；第 3 章水力机组状态监测技术，介绍了水力机组监测项目和主要技术难点；第 4 章状态监测信号的采集与特征提取，介绍了信号采集和特征提取的常见方法和图谱；第 5 章水力机组故障机理分析，介绍了水轮机和水轮发电机的振动机理；第 6 章水力机组智能故障诊断模型，介绍了机组故障诊断的智能算法并列举了相关应用实例。

本书由郑源主编，屈波、潘虹、葛新峰副主编。郑源编与第 1 章与第 5 章，潘虹编写第 2 章、第 3 章与第 4 章，葛新峰编写第 6 章，屈波对全书进行了审核与校队。本书参阅了国内外大量著作与文献资料，在此表示衷心谢意。

　　由于编者水平和精力有限，书中难免有不妥之处或错漏的地方，请广大读者批评指正。

编者

2016 年 2 月

目　　录

第1章 绪　　论

　　能源紧缺是当今世界面临的共同问题。随着经济的发展，我国对能源的需求日益增加，电源总量存在巨大缺口。为解决电力紧缺问题和节能减排，水电作为一种可再生的清洁能源，势必承担起我国电力建设和能源结构调整的重任。中国无论是已探明的水能资源蕴藏量，还是可供开发的水能资源，都居世界第一。根据 2005 年全国水力资源复查成果，我国大陆水能资源理论蕴藏量在 1 万 kW 及以上的河流共 3886 条，经济可开发装机容量 40180 万 kW，年发电量 17534 亿 kW·h。2004 年，中国水电装机容量突破 1 亿 kW，超过美国成为世界水电装机第一大国。但是与欧美发达国家 70% 的水电开发率相比，我国总的水电开发率还处于较低水平，尚有较大的发展空间。截至 2010 年底，东部地区水电开发占全国的 13.8%，开发程度为 90% 以上；中部地区占全国的 29.8%，开发程度为 78.4%；西部地区占全国 56.4%，开发程度仅为 24.9%。因此，近年来我国加紧了西部水电开发的步伐，随着金沙江、雅砻江、大渡河、澜沧江、怒江、黄河上游干流等 6 个大型水电基地以及雅鲁藏布江等河流超过 60 个重点水电站的开工建设，预计 2020 年我国水电装机容量将达 4 亿 kW 左右。届时水电装机在电网中比重将大幅提升，水电站的安全稳定运行对整个电力系统的可靠运行和国民经济健康发展将起到至关重要的作用。

　　随着水电开发程度的不断扩大，水力机组也日趋向高水头、高效率和大容量发展。另一方面，由于水力机组启、停迅速，负荷调整快速方便，在电网中承担了大量的调峰、调频、调压和事故备用任务，对于设备的工况切换要求愈加频繁。这些都对机组的安全性和稳定性提出了更高的要求。为保障水力机组安全稳定运行，从 20 世纪 90 年代，我国开始探索以状态检修为特征的维修模式。状态检修避免了传统事后检修或计划检修带来的检修不足和检修过剩问题，对于减少设备维修费用、延长设备使用寿命，起到了事半功倍的效果。状态检修的顺利实施有两个基本条件：一是具备先进的状态监测技术，二是具备可靠的故障诊断方法。目前，我国在水力机组状态监测与故障诊断技术的研究与应用方面，已经取得了不少成果，技术相对成熟，研制开发了一批实用产品，被广泛应用于新建大型水电站和已建成电站的技术改造，为开展状态检修提供了基础保证。

1.1　水力机组状态监测与故障诊断的研究

　　研究状态监测与故障诊断技术的意义，从美国德克萨斯州达拉斯电厂安装的专用诊断系统的运行情况更容易得出结论。该电厂安装的专用诊断系统（PDS）用于 7 台发电机的监测及诊断。1985 年 1 月 25 日，诊断系统发现发电机上一处发生股线破裂，该系统将仪表读数记录下来，并转换成置信度。专用系统显示这个高置信度值比报警早两个半小时。

经检查股线断裂处正是专用诊断系统的位置。修好后，1月28日开始盘车启动。若该事故继续发展下去或误诊的话，需要停机很长时间。1984年9月，诊断系统发现发电机某处导体导电不连续，因事态不太严重，机组仍继续运行三个星期直至计划停机。此时修理准备工作已完毕，三周后观察说明诊断正确。此外，该诊断系统还成功地诊断出一些小事故：如仪表失灵、修正值不佳、励磁机冷却器问题和励磁机外置出现凝结水等问题。

机组故障停机对电厂造成的经济损失用日发电量来计算是相当可观的，只要可以使每台机组每年非正常停机时间减少一天，则一次性的系统硬件投资和一年的维修费就能得到补偿。由此可见，故障诊断系统给电站带来的经济效益，既可避免维修不足造成的设备损坏，还可节省因维修而产生的巨额费用。

随着国民经济的高速发展，社会对电力的需求日益增长，担任发电、调峰、调频及事故备用任务的水电站，在系统中起着越来越重要的作用，因此原来计划检修和事后检修制度已不再适应新形势的发展，主要表现如下：

（1）新水力机组增多，并且以大容量机组为主，大部分机组运行小时数降低。

（2）由于采用了新技术、新工艺和新材料，使得设备检修质量大大改善，检修间隔有所增长。

（3）国外先进设备和先进技术的引进，使机组运行质量和可靠性及自动化程度大幅度提高，也使得机组大修间隔延长。

（4）由于集中检修的推广，大多数新建水电厂不再设检修队伍。

（5）"无人值班（少人值守）"运行方式的推广，要求设备延长检修间隔，提高可靠性。

（6）计算机的普及，使设备管理水平日益提高，对设备的管理已不再停留在记录上，而是反映在生产管理信息系统上。

因此，研究设备状态监测与诊断技术，对于确保机组安全经济运行、推进"状态检修"机制，具有重要意义。归纳起来，有以下明显作用：

（1）及时准确地发现设备运行过程中可能出现的异常状态和故障，预防事故发生，实行状态检修，提高机组运行可靠性、安全性和有效性。

（2）通过运行数据分析和性能评估等手段，为机组安装、制造、运行提供数据积累和信息，逐步形成实际运转特性曲线等机组性能指标，得到优化的运行工况区，指导机组高效运行，延长设备使用寿命，降低设备寿命周期费用。

（3）促进和实现水电站的综合自动化和现代化，提高水电站的科学管理水平。

1.2　水力机组状态监测与故障诊断的任务

1. 水力机组状态监测任务

状态监测技术包括两项任务：一是获取监测对象的实时状态信号；二是对状态信号进行存储与预处理，提取实时有效信号，为状态分析提供可靠依据。水力机组状态监测对象包括机组的振动、摆度、压力脉动、能量与效率，发电机气隙、局部放电、磁通量、线棒振动以及机组各导轴承瓦温、油温、定子温度等参数。随着近年来机组状态监测技术的快速发展，水轮机效率监测、空化空蚀监测、发电机转子温度监测等技术也开始在生产实践中投入使用。

水力机组状态监测技术的顺利实施首先需要解决以下几个技术问题：一是合理布置测度；二是正确选择测量使用的传感器；三是根据信号特点，有效采集状态信号，实现信号预处理和存储管理。只有正确实施这些关键环节，才能获得准确可靠的机组状态信号。

2. 水力机组故障诊断任务

故障诊断是利用状态监测获得的各种数据和其他信息来识别机组运行状态，分析故障产生的原因并确定故障发生的部位和严重程度，预测机组的使用规律、趋势和使用寿命。水力机组故障诊断技术多年来也取得了长足发展，除了传统的"变励磁""变转速""变负荷"等机组试验法、根据信号频谱分析的频率判断法、根据机组振动部位判断振动原因的方法外，在机组故障智能诊断模型方面，也提出了神经网络、模糊理论、专家系统、支持向量机等诸多诊断决策方法，建立了大量的专用故障诊断系统。

水力机组故障诊断技术的顺利实施有三个关键技术：一是机组状态信号的特征提取；二是不同类型故障的机理研究；三是准确有效的智能诊断方法。

1.3　水力机组状态监测与故障诊断的相关技术

设备状态监测与故障诊断技术研究所涉及的学科领域十分广泛，并在不断扩展。其研究内容主要有信号采集技术、信号获取技术、故障机理研究、故障诊断模型研究、故障预测与寿命分析技术、诊断决策技术。

1. 信号采集技术

信号采集是对机电设备实现状态监测与故障诊断的第一步，是故障诊断工作的重要基础，信号采集技术是对机电设备本身的工作参数、性能指标、相关物理量等信息的信号进行检测和量化的技术，而传感器则是获取各种信息并将其转换成易测量和处理的信号（一般为电信号）的器件，是信号采集的关键和主要手段。

故障信息检测与传感器技术的发展趋向如下：

（1）发展以高可靠性和长期稳定性为代表的检测与传感器技术。

（2）发展固定植入式和介入式检测与传感技术。

（3）发展故障信息的遥测技术。

（4）发展振动测量用光纤传感技术。

（5）发展声发射检测技术。

随着微电子技术、光电技术和精密机械加工技术与传统的传感技术相结合，传感器将向微型化、多参数、数字化、实用化发展，与之配套的二次仪表将向多功能、智能化方向发展，将导致集微传感器、微处理器于一体的智能前端微系统的问世和应用。

2. 信号获取技术

传感器采集的信号中，含有反映对象运行状态的信息，如何经过信号处理，剔除干扰，尽可能多地获得对象的状态信息，是信号获取技术研究的主要目的。信号获取技术包括通常的信号滤波技术和信号处理技术。

概括起来，信号处理技术中状态监测参数的提取方法主要有统计分析和时域参数、谱分析和频域参数、时-频分布、高阶谱分析、小波分析技术、分形与混沌特征量等。

信息获取技术新的发展方向是传感器故障滤波证实技术和多传感器信息融合技术。

（1）传感器故障滤波证实技术。在长时间的工作过程中，由于自身可靠性的限制和所处环境的影响，传感器同样会发生故障，其输出的畸变信号往往与监测对象的工况变化或故障信号相混淆，被诊断系统误认为是对象故障或掩盖了对象的故障，从而使监测诊断系统失去其监测诊断的功能。因此，对传感器故障进行滤波和证实（即通过检测和诊断隔离故障传感器，并通过其他正常传感器信号恢复得出剔除故障传感器后失去的特别重要的信号）是设备状态监测与故障诊断的重要环节之一。

现有的传感器故障滤波证实方法主要有系统观测器/滤波器方法、解析冗余与贝叶斯信息融合方法、人工神经网络方法、多层流模型方法、基于知识的传感器故障柔性检测方法等。

（2）多传感器信息集成与融合技术。在设备故障诊断领域，多传感器信息集成指将多个单维的同样性质的传感器信息集成为一个多维的信息。多传感器信息融合指利用多个不同类型的传感器获取的关于对象运行状态的多角度信息，采用适当的方式和准则进行组合，以得到关于对象运行状态的精确描述。

3. 故障机理研究

故障机理研究是对机械设备进行故障诊断的基础。深入研究机械设备在运动时的动力学特性及各部件之间的相互关系，研究设备正常运行时和发生故障后产生的各种症状与可能性，是对机械设备进行状态监测和故障诊断的前提。理论研究主要有与机械设备相关的振动理论、摩擦理论、空气动力学理论、材料失效理论等。

4. 故障诊断模型研究

故障诊断模型以如何应用各种知识的诊断策略作为研究目标。一般来说，人类专家在诊断问题求解时，通常使用三种知识：一是常识性知识；二是基本的领域知识，即深知识；三是启发性知识，即浅知识。专家能按照被诊断对象的实际情况以高度集成的方式使用这三种知识。相应地，故障诊断模型可分为深知识模型、浅知识模型和深浅知识混合模型。但对复杂系统，新的研究方向是层次诊断模型。

5. 故障预测与寿命分析技术

故障预测是设备诊断的重要任务之一。通过对整个设备的状态变化趋势和维修状况进行分析，计算其残余寿命，可有效确定设备的整个服役寿命和报废时间，为系统的维修、报废和改进设计奠定基础。

预测与分析的策略和方法主要有基于状态模型的故障预测方法、基于过程的长期预测方法以及集成故障预测系统等。

6. 诊断决策技术

通过对故障进行诊断，可以判明故障的部位，分析故障的原因，提出排除故障的方法，从而可以提高设备维修的可适性和设备完好性，减少设备的寿命周期费用。

1.4 国内外状态监测与故障诊断技术发展及应用状况

自状态监测与故障诊断概念提出以来，一直是国内外科研机构和专家学者研究的热点。近年来，国内外状态监测与故障诊断系统更是取得了可喜的进步，国内外均有一批比较成熟的产品投入实际应用。国内外状态监测与故障诊断产品的发展经历了以下三个发展阶段。

（1）基本摆度、振动监测系统。这类系统主要完成机组振动、摆度的实时测量和监测报警功能，主要以替代人工百分表测量为目的，大部分该类产品不提供或提供简单的分析功能，此类产品在早期应用较多，目前只有少数电厂还在使用。

（2）一般状态监测系统。这类系统不仅可以实现机组振动、摆度的监测，而且还可以完成气隙、磁通量、发电机局部放电、水轮机空化空蚀等多种对象的监测，并将不同的监测装置接入同一系统中，进行数据的整合，统一操作，规范功能。但是这类系统的故障诊断功能还处于探索阶段，故障诊断面向对象为实验机构和行业内专家，其复杂的故障机理很难被水电站的维护人员所掌握，作为一套功能强大的实时在线监测系统来说，在水电站尚未真正发挥出指导状态检修的作用，只能在专家的帮助下做些针对性的机组试验，这是目前普遍存在的现象，也是状态监测与故障诊断系统在水电站未得到普及和认可的根本原因。

（3）远程分析及智能化综合故障诊断系统。为了使不同层次的工程技术人员在不具备专业背景的情况下掌握状态监测与故障诊断系统的使用，这类系统不仅能实现上述（1）、（2）中具有的功能，由于具备智能化、自动化、实用化、易操作等使用特点，还能针对机组经常出现的故障特征进行指标的量化评价，使一般的维护人员在此基础上了解机组运行状态和判断故障是否发生。

同时，网络化远程通信技术的发展使电力系统自动化越来越综合，远程分析诊断中心的建立是目前可以实现的状态监测与故障诊断系统发展的最新阶段，远程中心可以充分利用远程专家为机组的分析诊断服务，做到既分散又集中，国内目前已经形成以电力集团公司、发电流域公司、研发机构、各省中试所等机构为依托的远程分析诊断中心模式，而且其用途不但在技术层面，也为管理模式提供了新的思路。

1.4.1 国外状态监测与故障诊断技术发展及应用状况

国外状态监测与故障诊断技术的发展已有 40 年的历史。最早开展故障诊断技术研究的是美国，他们首先针对航空航天系统从事故障机理、监测、诊断和预测的研究和开发，然后发展到电站发电机组。美国从事电站状态监测与故障诊断系统工作的主要公司有美国电力研究所（EPRI）、西屋公司（WHEC）、IRD 公司、Bently 公司、BEI 公司等。以西屋公司为例，1976 年开始在线计算机诊断工作，1980 年投入了一个小型的电机诊断系统，1981 年进行电站人工智能专家故障诊断系统的研究，1984 年应用于现场，后来发展成大型电站在线监测诊断系统，并建立了沃伦多故障运行中心，通过该中心，可以看到分布在美国 20 多个电厂的数据信息。欧洲也有不少公司从事状态监测与故障诊断技术的研究、产品开发及应用，如丹麦的 B&K、德国的申克、瑞士的 ABB 公司等。以瑞士 ABB 公司为例，1971 年引入第一个计算机辅助数据采集系统（CADA），目前正在大力发展以计算机为前终端核心的人机联系振动观察系统，并以诊断软件为模型精确诊断机器故障。

近年来，国外在水力机组状态监测与故障诊断方面做了大量研究及应用工作，在原有的振摆监测诊断产品基础上，研制开发了一批实用产品，如加拿大 VibroSystM 公司的 AGMS 系统和 ZOOM2000 系统，分别用于监测发电机的气隙和水轮发电机组的振动；加拿大 FES 公司的水轮发电机局部放电分析仪、德国申克公司的 Vibrocontro14000 系统，主要用于水轮机振动的监测和分析；此外还有美国本特利内华达公司的 Hydro VU 系统，瑞士 VIBRO—METER 公司的 VM600 系统，德国 Simens 公司的 SCARD 系统，日本日立公司研制的水力发电设备状态监测系统、东京电力公司和东芝公司共同研究开发的抽水蓄能发电机组自动监视系统等。总的来说，国外状态监测与故障诊断技术的研究发展较快，产品测量元件精度高、可靠性好，可实现机组在线连续状态监测和部分故障自动诊断功能，取得了良好的经济效益。

1.4.2　国内状态监测与故障诊断技术发展及应用状况

我国状态监测与故障诊断技术发展相对于国外较晚，国内开展设备故障诊断从 20 世纪 80 年代初开始，但发展较为迅速。目前，我国的故障诊断技术水平已接近国际水平，并且具有廉价化和使用化等特点。已开发的适合于电站水力机组的故障诊断系统达数十种以上。例如，北京华科同安监控技术有限公司的 TN 8000 监测诊断系统、华中科技大学研制的 HSJ 系统、北京奥技异电气技术研究所的 PSTA 系统、中国水利水电科学研究院研制的 HM 9000 系统、周立达电子技术有限公司生产的 YSZJ 系统、清华大学研制的电力设备分布式监测与诊断系统等。此外，状态监测与故障诊断系统也已经从单纯的设备监测发展到基于局域网、基于远程监测诊断的集成系统，在实时监测机组运行状态的同时，实现监测、诊断、管理、维修一体化过渡，形成了更高级预测诊断、判断决策、正确评估的平台。

尽管国内已开发出了多种状态监测与故障诊断系统，但与国外同类系统相比仍还存在着一定的差距。主要表现在：测振传感器抗高温、抗电磁干扰能力差、性能不稳定、使用寿命短；对常见故障有了共识，但某些疑难的故障机理还有待于深入研究；各种诊断方法和技术之间的内在联系的研究和多参数综合应用较少；故障诊断系统的质量较差、可靠性较低。此外，虽然通过国外合作引进等方式，国内已经从过去振摆监测为主的单一系统发展到现在的摆度、振动、气隙与磁场强度、局部放电等多种功能并存的综合系统，但是目前国内还是缺少针对机组空化、气隙、局部放电的具有自主知识产权的监测技术，这些技术仍依赖国外进口。

第2章　状态监测常用传感器

传感器是一种能感受到被测量的信息并且能将感受到的信息按照一定的规律转换成信号输出的器件或装置，可以满足信息的传输、处理、存储、显示、记录和控制等要求。传感器处于电测系统的输入端，通常被称为一次仪表，其精度和可靠性直接影响着整个监测系统的工作可靠性和测量精度。其分类方法很多，目前常用的有两种：一种是按传感器输入量性质来划分，可分为加速度、速度、位移、温度、压力传感器等；另一种是按传感器变换原理来划分，可分为电阻式、电感式、电容式、磁电式、压电式、光电式、热电式传感器等。

在水力机组状态监测系统中，通过传感器将被测对象的力、位移、速度、加速度、温度、压力等参数转换为可以传输处理的信号（如电压信号、电流信号等）。许多水力机组监测系统不能正常工作，其主要原因是传感器选型不当导致输出失准，因此掌握传感器的原理、结构和安装对水力机组状态监测与故障诊断工作有重要现实意义。本章从传感器变换原理分类的角度阐述常用传感器的工作原理、结构、特性及应用注意事项。

2.1　传感器选用原则

传感器的品种繁多。同一物理量可用多种不同类型传感器进行测量，而同一种传感器也可测量不同物理量。事实证明，传感器选择不当导致试验失败的例子屡见不鲜。了解传感器的性能对合理选择传感器十分必要。衡量传感器的性能指标有静态特性和动态特性两个方面。静态特性是指传感器在输入量处于稳定状态时的输入输出关系，主要包括灵敏度、线性度、重复性和精度；动态特性是指传感器对随时间变化的输入量的响应特性，它决定了被测量的频率范围，必须在允许频率范围内保持不失真的测量条件。一般来说，传感器的合理选择要从静态特性、动态响应特性和测量方式（接触测量与非接触测量）三个方面综合考虑。此外，还要注意使用条件和安装方式。

1. 量程

传感器能测量的最大输入量与最小输入量之间的范围称为传感器的量程。在选用传感器（包括测量仪表）时首先要对被测值有大致的估计，务必使被测量值落在传感器的量程之内，否则会破坏传感器。

2. 精确度（精度）

精确度是指测量某物理量的测定值与真值相符合的程度。传感器处于测试系统的输入端，因此，传感器能否真实地反映被测量值，对整个测试系统具有直接影响。然而，也并非要求传感器的精确度越高越好，还应考虑到经济性。传感器精确度越高，价格越昂贵，应从实际出发来选择。

水电站的测试参数，按试验内容要求的不同，有的进行静态测量，有的则需进行动态测量。

（1）静态测量是指机组在稳定工况下准确地测量参数的稳定值。例如水轮机效率试验中的功率、水头、流量等参数的测量。静态测量要求高度精确地测量参数的稳定值，因此对传感器的要求是有较高的精确度。

（2）动态测量是指机组在过渡过程中测量参数随时间的变化过程。例如甩负荷试验中转速与水压的测量。对动态测量的要求是真实地测出参数随时间的变化过程、特征值的大小及其出现时间以及各参数在过渡过程中的相互关系。测量精度相对较为次要。因此，要求传感器具有良好的响应特性，这样才能真实、完整地记录参数变化的全过程。

3. 灵敏度

灵敏度是指传感器在稳态下输出量变化对输入量变化的比值。

一般来说，传感器的灵敏度越高越好。因为灵敏度高，表示传感器所能感知的变化量越小，即被测量稍有微小变化时，传感器就有较大输出。但灵敏度越高，与测量信号无关的外界噪声也容易混入，并且随测量信号一起被放大。所以要求传感器信噪比越大越好，即要求传感器本身噪声小，又不易从外界引进干扰噪声。

灵敏度过高往往导致在输入信号增大时，传感器进入非线性区域，所以，灵敏度过高会影响其适用的测量范围。

4. 线性度

线性度表示传感器的输出与输入之间的关系曲线与选定的工作曲线的偏离程度。

传感器的线性度是用特性曲线与其选定的工作曲线（也叫拟合直线）之间的最大偏差与传感器满量程输出之比来表示。任何传感器都有一定的线性范围，在线性范围内输出与输入成比例关系。线性范围越宽，则表明传感器的工作量程越大。

传感器工作在线性区域内，是保证测量精确度的基本条件，然而，任何传感器都不容易保证其绝对线性，在允许限度内，也可以在其近似线性区域应用。例如变间隙式的电感传感器，就是采用在初始间隙附近的近似线性区内工作。选用时必须考虑被测物理量的变化范围，令其非线性误差在允许的范围内。

5. 迟滞

迟滞表示传感器输入量由小到大与由大到小所得输出不一致的程度。迟滞在数值上是用同一输入量下最大的迟滞偏差与满量程输出之百分数表示。产生迟滞的原因是传感器的敏感元件存在弹性滞后。选用传感器时要求此值越小越好。

6. 重复性

重复性表示传感器在输入量按同一方向做全量程连续多次变动时所得特性曲线不一致的程度。根据误差理论知，重复性误差是属于随机误差性质的。因此应根据标准差来计算重复性误差。

7. 零点漂移

零点漂移表示在零输入的状态下，输出值的漂移。一般有如下两种零漂。

（1）时间零漂，指在规定时间内，在室温不变的条件下零输出的变化。

（2）温度漂移，绝大部分传感器在温度变化时特性会有所变化。一般用零点温漂和灵敏度温漂来表示这种变化程度，即温度每变化1℃，零点输出（或灵教度）变化值。

8. 动态特性

动态特性是指传感器对于随时间变化的输入量的响应特性。

在被测物理量随时间变化的情况下，传感器的输出能否良好地追随输入量的变化而变化是一个很重要的问题。有的传感器静态特性很好，但由于不能很好追随输入量的快速变化而导致很大误差。

传感器的动态特性通常通过实验方法给出。即给传感器输入阶跃信号和正弦信号，通过实验得到传感器的阶跃响应曲线和频率响应特性曲线，用这两条曲线上的某些特征值来表示传感器的动态特性。表征动态特性的指标主要有延迟时间、上升时间、峰值时间、响应时间和超调量等（与阶跃响应有关的指标），频响范围、自振频率等（与频率响应有关的指标）。

选用传感器时，总希望其有良好的动态特性，即延迟时间短、响应快、超调量小、频响范围宽等，同时要注意使传感器的自振频率要远大于被测量的最大频率。

一般来讲，光电式、压电式等传感器，响应时间短、工作频率范围宽。而电感、电容、磁电式传感器等，由于受结构影响，其固有频率低而使工作频率范围较窄。

2.2 电阻式传感器

电阻式传感器是一种把非电物理量转换为电阻值变化的传感器。它主要包括变阻式、应变式、固态压阻式、热电阻式等。电阻式传感器与相应的测量电路组成的测力、测压、称重、测位移、加速度、扭矩等测量仪表是冶金、电力、交通、石化、生物医学等部门进行自动称重、过程检测和实现生产过程自动化不可缺少的工具之一。在水力机组监测中，电阻式传感器是一种工作原理简单、易于制作、应用范围广泛的传感器。

2.2.1 变阻式传感器

变阻式传感器又称为电位计式传感器，它通过改变电位计触头位置，将位移转换为电阻的变化。依据公式为

$$R = \rho \frac{l}{A} \qquad (2-1)$$

式中　　R——电阻，Ω；

　　　　ρ——电阻率，$\Omega \cdot mm^2/m$；

　　　　l——电阻丝长度，m；

　　　　A——电阻丝截面积，mm^2。

由式（2-1）可见，当电阻丝截面积和材质固定时，电阻与电阻丝长度的变化成正比。变阻式传感器可分为直线位移型、角位移型和非线性型3类，如图2.1所示。其中，直线位移型变阻式传感器是触点A与触点B之间的电阻R和触点B的机械位移成正比。角位移式变阻式传感器电阻值随转角而变化。非线性型变阻式传感器电阻值与触点C的

位移成非线性关系。

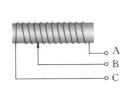 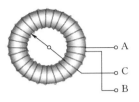 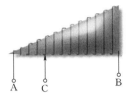

（a）直线位移型变阻式传感器　（b）角位移型变阻式传感器　（c）非线性型变阻式传感器

图 2.1　变阻器式传感器类型

变阻式传感器后接测量电路一般为电阻分压电路，如图 2.2 所示。在直流电压 U 作用下，将位移变成输出电压 U_L 的变化。当电刷移动 x 时，输出电压计算为

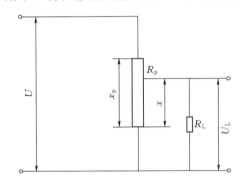

图 2.2　电阻分压电路图

$$U_L = \frac{U}{\frac{x_p}{x} + \left(\frac{R_p}{R_L}\right)\left(1 - \frac{x}{x_p}\right)} \qquad (2-2)$$

式中：R_p——变阻器电阻；

　　　　x_p——变阻器总长度；

　　　　R_L——后接电路的输入电阻（负载电阻）。

当 $R_L \geqslant R_p$ 时

$$U_L = \frac{x}{x_p} U \qquad (2-3)$$

由式（2-3）可见，输出电压的大小和位移成正比，根据输出电压就可以测得位移 x。

总的来说，变阻式传感器结构简单、尺寸小、重量轻、价格低廉且性能稳定；受环境因素（如温度、湿度、电磁场干扰等）影响小；可以实现输出输入间任意函数关系；输出信号大，一般不需放大。但是由于受到电阻丝直径的限制，分辨率较低；电刷与线圈或电阻膜之间存在摩擦，需要较大的输入能量；动态响应较差，适合于缓慢量的测量。在水电站的现场试验中，常用它来测量水轮机接力器的行程、调速器主配压阀行程和轴流转桨式机组甩负荷时的抬机量等。

2.2.2　应变式传感器

应变式传感器是利用电阻应变效应即当金属丝在外力作用下发生机械变形时其电阻值发生变化的原理来测量被测物理量的大小，主要由弹性敏感元件、电阻应变计、补偿电阻和外壳组成，可根据具体测量要求设计成多种结构型式。弹性敏感元件受到所测量的力而产生变形，并使附着其上的电阻应变计一起变形。电阻应变计再将变形转换为电阻值的变化，主要应用于压力、力、重量、位移、加速度、扭矩、温度等物理量的测量。

应变式传感器以电阻应变片为传感元件，其优点主要有：精度高，测量范围广；使用寿命长，性能稳定可靠；结构简单，尺寸小，重量轻；频响特性好；可在高速、高压、强烈振动、强磁场、核辐射和化学腐蚀等恶劣环境下工作；应变片种类多，价格便宜。在水电站的测试中，应变片式传感器应用十分广泛，如直接用应变片来测量主轴轴向力，扭

矩、蜗壳应力及其他有关部件的力特性；用应变式压力传感器测量过水断面某点的水压力；用应变梁测量振动等。

应变式电阻传感器在大应变状态下具有较大的非线性，半导体的非线性更明显；应变片的输出信号较微弱，抗干扰能力较差，因此测试连接线需要进行屏蔽，不能用于过高温度场合下的测量。

2.2.2.1 电阻应变片

电阻应变片可简称应变片、电阻片，它是将应变转换为电阻变化的关键元件。应变片可以直接作为传感器，也可用应变片配合一些敏感元件组成其他类型传感器，如压力传感器、测振传感器等，进行非电量测量。

电阻应变片主要有金属和半导体两类。金属应变片可分为丝式、箔式和薄膜式；半导体应变片可分为体型、薄膜型、扩散型及 PN 结等型式，具有灵敏度高（通常是丝式、箔式的几十倍）、横向效应小等优点。

1. 金属电阻应变片

常用的金属电阻应变片有丝式、箔式两种。金属丝应变片出现得较早，现仍在广泛应用，主要由敏感栅、基底、覆盖层、黏合剂和引线五部分组成，如图 2.3 所示。它是用直径约为 0.025mm 左右的高电阻率的合金金属丝排列成栅形，称为敏感栅。敏感栅为应变片的敏感元件，作用是敏感应变。敏感栅粘贴在基底上，基底材料一般有纸或胶两类，起传递应变、绝缘的作用。电阻丝的两端焊接有引出导线。敏感栅上面粘有覆盖片，起定位、绝缘和保护作用。图 2.3 中 l 称为应变片的工作基长，b 称基宽，$l \times b$ 称为应变片的使用面积。应变片的规格一般以使用面积和电阻值来表示。

金属箔片应变片则是用栅状金属箔片代替栅状金属丝，与被测试件接触面积大，黏结性能好。在绝缘基底上，将厚度为 0.003～0.01mm 电阻箔材制成多种复杂形状尺寸准确的敏感栅，散热条件好，允许电流大，灵敏度高；金属箔栅用光刻技术制造，尺寸准确，线条均匀，适应不同的测量要求，阻值一致性好；蠕变、机械滞后小，疲劳寿命长。其外形如图 2.4 所示。

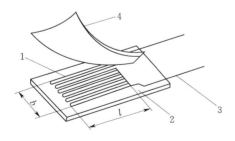

图 2.3　金属丝应变片

1—敏感元件；2—基底；3—引线；4—覆盖片

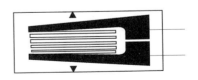

图 2.4　金属箔片应变片

使用电阻应变片测量应变时，把应变片黏固在弹性元件或需要测量变形的物体表面上。当金属丝发生拉伸或压缩时，其长度、截面积及电阻率相应变化 dL、dA、$d\rho$，因而引起电阻变化 dR。将式（2-1）微分可得

$$dR = \frac{\partial R}{\partial L}dL + \frac{\partial R}{\partial A}dA + \frac{\partial R}{\partial \rho}d\rho \qquad (2-4)$$

其中 $A = \pi r^2$，r 为电阻丝半径，所以式（2-4）可以写为

$$dR = \frac{\rho}{\pi r^2}dL - 2\frac{\rho L}{\pi r^3}dr + \frac{L}{\pi r^2}d\rho = R\left(\frac{dL}{L} - 2\frac{dr}{r} + \frac{d\rho}{\rho}\right) \qquad (2-5)$$

式中 $\dfrac{dL}{L}$——电阻丝轴向相对变形或称纵向应变，为无量纲量，一般用 ε 表示，由于其值很小，通常以微应变 $\mu\varepsilon$ 表示，若受拉为正应变，则受压为负应变；

$\dfrac{dr}{r}$——电阻丝径向相对变形，或称横向应变；

$\dfrac{d\rho}{\rho}$——电阻丝电阻率的相对变化，与电阻丝轴向所受正应力有关。

当电阻丝沿轴向伸长时，必沿径向缩小，变形满足

$$\frac{dr}{r} = -\mu\frac{dL}{L} = -\mu\varepsilon \qquad (2-6)$$

式中 μ——电阻丝材料的泊松系数，$\mu = 0.24 \sim 0.4$。

将式（2-6）代入式（2-5）得

$$\frac{dR}{R} = \varepsilon + 2\mu\varepsilon + \frac{d\rho}{\rho} = K\varepsilon \qquad (2-7)$$

由式（2-7）推导出 $K = 1 + 2\mu + \dfrac{d\rho}{\rho\varepsilon}$，称为电阻丝的灵敏度，物理意义是单位应变引起的电阻相对变化。

K 值的前两项 $1 + 2\mu$ 是由于金属丝受力后几何形状的变化而引起的电阻的相对变化；而后一项是由于金属丝电阻率的变化而引起的电阻的相对变化。对金属材料来说，电阻的变化与上述两因素有关，但以前者为主。一般的金属材料在弹性变形时，$\dfrac{d\rho}{\rho\varepsilon}$ 是一常数，为此 $\dfrac{dR}{R}$ 与 ε 之关系是线性的。已知电阻的变化率由式即可求得相应的应变。

为了提高测量的准确度，选择电阻丝的材料时应注意：灵敏系数 K 尽可能大，并在较大的范围内是常数，即可使电阻的变化与应变呈线性关系；具有足够的热稳定性，即电阻随温度变化小，电阻率高；便于加工。

制作应变片的金属材料很多，表 2.1 列举了水电站测试中常用的几种应变片。

表 2.1　　　　　　　　　　　　　水电站常用的应变片

型号	型式	电阻值 /Ω	灵敏度 K	线框尺寸 宽×长/（mm×mm）
PZ-17	圆角线栅，纸基	120±0.2	1.95~2.10	2.8×17
PJ-120	圆角线栅，胶基	120	1.9~2.10	3×12
PJ-320	圆角线栅，胶基	320	2.0~2.1	11×11
PB-5	箔式胶基	120±0.5	2.0~2.2	3×5

2. 半导体应变片

半导体应变片的典型结构如图 2.5 所示，工作原理是基于单晶半导体材料的电阻率随作用应力而变化的"压阻效应"。所有材料在某种程度上都有"压阻效应"，但半导体材料能够直接反映出很微小的应变。

半导体应变片的使用方法与金属电阻应变片相同。从半导体的物理特性可知，半导体在压力、温度及光辐射作用下，其电阻率发生很大变化。半导体应变片在应力作用下电阻的相对变化与金属电阻应变片的应变效应相同，可用式（2−7）表示。但对半导体材料而言，其电阻率的相对变化为

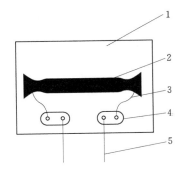

图 2.5 半导体应变片的结构
1—胶膜衬底；2—P−Si 片；3—内引线；
4—焊接引线；5—外引线

$$\frac{\mathrm{d}\rho}{\rho} = \pi_e E \varepsilon \qquad (2-8)$$

式中 π_e ——半导体材料的压阻系数，它与半导体的种类及载荷的作用方向有关；

E ——半导体材料的弹性模数；

ε ——半导体沿某一方向的应变。

将式（2−8）代入式（2−7），可得

$$\frac{\mathrm{d}R}{R} = (1 + 2\mu + \pi_e E)\varepsilon \qquad (2-9)$$

$(1+2\mu)\varepsilon$ 是几何形状变化对电阻的影响，$\pi_e E \varepsilon$ 为电阻率变化对电阻的影响，对半导体而言，后者远大于前者，它是半导体应变片电阻变化的主要部分，故式（2−9）可简化为

$$\frac{\mathrm{d}R}{R} \approx \pi_e E \varepsilon \qquad (2-10)$$

故半导体灵敏度为

$$K = \pi_e E \qquad (2-11)$$

这一数值比金属丝应变片大 50~70 倍。

从以上分析可看出，金属丝电阻应变片与半导体应变片的主要区别在于：前者利用导体的几何形状变化引起电阻变化（应变效应），后者利用半导体电阻率的变化引起电阻的变化。半导体应变片的灵敏度均大于 100，其输出信号较大，有时可不采用放大器即可进行测量。优点是尺寸、横向效应、机械滞后都很小，灵敏系数大，因而输出大。缺点是电阻值和灵敏系数的温度稳定性差，测量较大应变时非线性严重，灵敏系数随受拉或受压而变，且分散度大，一般在 3%~5%。显然，在使用半导体应变片时要扬长避短，如在测量小应变（0.1~50）$\mu\varepsilon$，动态应变中使用较好。

3. 固态压阻式传感器

固态压阻式传感器指的是在半导体材料的基片上用集成电路工艺制成的扩散电阻，并把它直接作为测量传感元件（甚至有的可包括某些测量电路），其变换原理与半导体应变片相同。固态压阻式传感器灵敏度高，动态响应快，测量精度高，有易于小型化和成批生产，使用方便，被广泛应用于压力和加速度的测量方面。

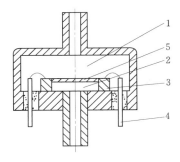

图 2.6　固态压阻式压力传感器
1—低压腔；2—高压腔；3—硅环；
4—引线；5—硅膜片

压阻式压力传感器由外壳、硅膜片和引线组成。结构如图 2.6 所示。其核心是一块圆形的膜片，在膜片上，利用集成电路的工艺方法设置四个阻值相等的电阻，构成平衡电桥。膜片四周用圆环（硅环）固定，膜片的两边有两个压力腔。一个是和被测系统相连接的高压腔，另外一个是低压腔，通常和大气相连。当膜片两边存在压力差时，膜片上各点存在应力。四个电阻在应力作用下，电阻值发生变化，电桥失去平衡，输出相应的电压。此电压与膜片两边的压差成正比。测得电桥输出电压就可求得压差大小。这种传感器的电桥常采用恒流源供电方式，以消除温度的影响。电桥后接显示仪表（如电压表）即可进行测量。

2. 2. 2. 2　电阻应变片的粘贴技术

应变片工作时通常是用黏合剂粘贴到被测试件或传感器的弹性元件上。在应变测量时，黏合剂所形成的胶层起着非常重要的作用，要求准确地将试件应变传递到应变片的敏感栅上。因此，对黏合剂有几点要求：①有一定的黏结强度；②能准确传递应变；③蠕变和机械滞后小；④耐疲劳性能好、韧性好；⑤对弹性元件和应变片不产生化学腐蚀作用；⑥温度适用范围大；⑦电气绝缘性能良好。选用黏合剂时，可根据所采用的应变片基片材料和测试的具体条件（如工作温度、潮湿程度、稳定性、有无化学腐蚀、加温加压固化的可能性及粘贴时间长短等）选用。正确的粘贴工艺是质量的保证，直接影响测量精度。

电阻应变片的粘贴具体如下：

（1）应变片检查。检测前，需进行外观和电阻值的检查。检测应变片有无折痕、断丝等缺陷，有无短路或者断路现象，引出线焊接是否牢固，上下基底是否有破损部位。对外观合格的应变片，用精密电阻箱测量应变片电阻值大小，同一电桥中各应变片阻值相差不得大于 0.5Ω。对精度要求较高的测试还应复测应变片的灵敏系数和横向灵敏度。

（2）处理应变片。对没有标出中心线标记的应变片，应在其基底上标出中心线。如有需要，对应变片的长度和宽度进行修整，但修整后的尺寸不能小于规定最小尺寸。对基底较光滑的胶基应变片，用丙酮等溶剂清洗表面，亦可用砂布将粘贴表面轻轻打磨，略见均匀交叉的纹路，以增加应变片和试件的黏合强度。为了保证一定的黏合强度，必须将试件贴应变片的表面处理干净，使之平整光洁、无油漆、锈斑、氧化层、油污和灰尘等。

（3）确定贴片位置。在应变片上标出敏感栅的纵、横向中心线。在试件上按照测量要求划出定位线，以保证贴片位置准确。

（4）粘贴应变片。在应变片基底和粘贴位置上各涂一层薄而均匀的黏合剂，待稍干后，将应变片粘贴到预定的位置上，使应变片的中心线与定位线对准。贴片后，在应变片上盖一张玻璃纸或一层透明的塑料薄膜，加压挤压出多余的黏合剂和气泡。

（5）固化。贴好应变片后，根据所使用的黏合剂的固化工艺要求进行固化处理。

（6）粘贴质量检查。检查粘贴位置是否正确，黏合层是否有气泡和漏贴，敏感栅是否有短路或断路现象，用兆欧表检查应变片与试件之间的绝缘组织，应大于 $500M\Omega$。

（7）引出导线的焊接与应变片的防护。将应变片引出线和测量用导线焊接在一起。引出导线一般为多股铜线，在外界电磁场干扰时，采用屏蔽线。引出导线要用胶布固定于试件表面，以防止电阻丝和引出线被拉断，但固定式需考虑引出线和试件之间的绝缘和引出线留有弯曲形的余量。固化好后要进行防潮处理，在应变片上涂一层防护层，以防大气或水流的侵蚀引起绝缘电阻和黏合强度降低。最简单的防护措施是在应变片上涂一层凡士林或704硅橡胶来防潮。当应变片处于水中测量时，还应在应变片上加金属保护罩，以防水流冲刷。用电烙铁将应变片的引线焊接到导引线上。

2.2.2.3 测量电路

应变片将被测试件的应变转换为电阻的相对变化，由于电阻的相对变化量很小，用一般测量电阻的仪表很难直接检测出来，因此需采用高精度的电桥测量电路将其转化为电流或电压的变化。这种测量电路不仅测量的准确度高，而且可进行温度补偿。

水电站测试中，通常是由电阻应变仪来完成上述的转换及放大处理。显示记录由光线示波器完成。当然也有某些应变式传感器，应变片灵敏度很高（如半导体式应变片），其本身又组成全桥，且电桥内阻较小，输入电压较高，则此时无须任何外接测量放大等电路，即可直接输出到记录与显示仪器。但不管应变片式传感器是否需要放大器，电桥电路都是应变电测中不可缺少的转换单元。

以直流电源供电的电桥称为直流电桥，以交流电源供电的称为交流电桥。

1. 直流电桥

（1）平衡条件与预调平衡。直流电桥电路如图2.7所示，R_1、R_2、R_3、R_4为桥臂电阻，在a、c两端接入电源U_0，在b、d两端输出电压U_L。当电桥输出端接入输入电阻较大的仪表或放大器时，可认为负载电阻R为无穷大，电桥输出端为开路状态，电流输出为零。此时桥路电流为

$$I_1 = \frac{U_0}{R_1 + R_2} \qquad (2-12)$$

$$I_2 = \frac{U_0}{R_3 + R_4} \qquad (2-13)$$

则a、b之间与a、d之间的电位差为

$$U_{ab} = I_1 R_1 = \frac{R_1}{R_1 + R_2} U_0 \qquad (2-14)$$

$$U_{ad} = I_2 R_4 = \frac{R_4}{R_3 + R_4} U_0 \qquad (2-15)$$

$$U_L = U_{ab} - U_{ad} = \frac{R_1 R_3 - R_2 R_4}{(R_1 + R_2)(R_3 - R_4)} U_0 \qquad (2-16)$$

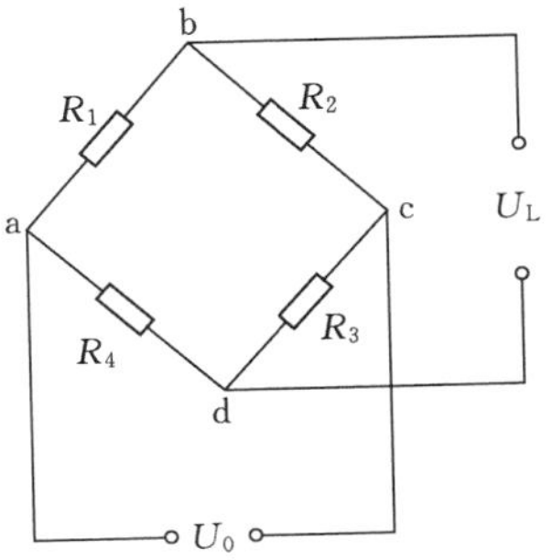

图2.7 直流电桥电路

由式（2-16）可知，当$R_1 R_3 = R_2 R_4$时，电桥的输出电压U_L为零，即电桥处于平衡状态。为了保证测量的准确性，在实测之前应使电桥平衡（预调平衡），使得输出电压只与接入电桥桥臂上的应变片的电阻变化有关。直流电桥常用电阻调平法，如图2.8所示。

（2）电桥分类及输出电压。假设电桥各桥臂的电阻皆发生变化，其阻值的增量分别为ΔR_1、ΔR_2、ΔR_3、ΔR_4。则电桥输出变化由（2-17）式得

$$\Delta U_L = \frac{(R_1 + \Delta R_1)(R_3 + \Delta R_3) - (R_2 + \Delta R_2)(R_4 + \Delta R_4)}{(R_1 + \Delta R_1 + R_2 + \Delta R_2)(R_3 + \Delta R_3 + R_4 + \Delta R_4)} U_0 \qquad (2-17)$$

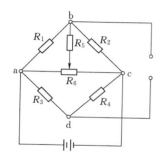

图 2.8 直流电桥平衡装置

将式（2-17）展开，并略去分母中 ΔR_i 的二阶微量，近似得到

$$\Delta U_L = \frac{R_1 R_2}{(R_1 + R_2)^2}\left(\frac{\Delta R_1}{R_1} - \frac{\Delta R_2}{R_2} + \frac{\Delta R_3}{R_3} - \frac{\Delta R_4}{R_4}\right)U_0$$

$$(2-18)$$

若 $R_1 = R_2$，$R_3 = R_4$，电桥称为卧式电桥；若 $R_1 = R_2 = R_3 = R_4$，电桥称为等臂电桥。水力机组测试中，实际测量电桥皆为卧式电桥或等臂电桥，电桥输出电压为

$$\Delta U_L = \frac{U_0}{4}\left(\frac{\Delta R_1}{R_1} - \frac{\Delta R_2}{R_2} + \frac{\Delta R_3}{R_3} - \frac{\Delta R_4}{R_4}\right)$$

$$(2-19)$$

在应变电测中，将贴在被测试件上的应变片接入电桥桥臂上，一般按电桥中接入应变片的桥臂数，把电桥分为单桥接法、半桥接法、全桥接法。

1）单桥接法。如图 2.9（a）所示，即将一个测量应变片作为电桥的一个臂，其余的桥臂为固定电阻，即 $\Delta R_2 = \Delta R_3 = \Delta R_4 = 0$，则电桥的输出电压为

$$\Delta U_L = \frac{U_0}{4}\frac{\Delta R_1}{R_1} = \frac{U_0}{4}K\varepsilon_1$$

$$(2-20)$$

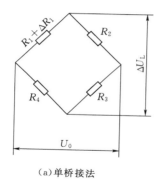

（a）单桥接法   （b）半桥接法

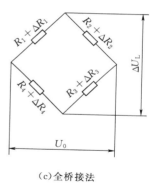

（c）全桥接法

图 2.9 电桥的连接方式

2）半桥接法。如图 2.9（b）所示，即电桥相邻二桥臂上接入应变片，其余桥臂为固定电阻，即 $\Delta R_3 = \Delta R_4 = 0$。当应变片感受应变时，则电桥输出电压为

$$\Delta U_L = \frac{U_0}{4}\left(\frac{\Delta R_1}{R_1} - \frac{\Delta R_2}{R_2}\right) = \frac{U_0}{4}K(\varepsilon_1 - \varepsilon_2)$$

$$(2-21)$$

3）全桥接法。如图 2.9（c）所示，电桥四个桥臂均为应变片，则电桥输出电压为

$$\Delta U_L = \frac{U_0}{4}\left(\frac{\Delta R_1}{R_1} - \frac{\Delta R_2}{R_2} + \frac{\Delta R_3}{R_3} - \frac{\Delta R_4}{R_4}\right) = \frac{U_0}{4}(\varepsilon_1 - \varepsilon_2 + \varepsilon_3 - \varepsilon_4)$$

$$(2-22)$$

（3）非线性误差及补偿。电桥的非线性就是电桥的输出电压与应变片电阻的相对变化率之间的关系并非线性关系。式（2-19）实际上忽略了二阶非线性项的近似公式，其精确公式为

$$\Delta U_L = \frac{U_0}{4}\left(\frac{\Delta R_1}{R_1} - \frac{\Delta R_2}{R_2} + \frac{\Delta R_3}{R_3} - \frac{\Delta R_4}{R_4}\right) \times \left[1 + \frac{1}{2}\left(\frac{\Delta R_1}{R_1} + \frac{\Delta R_2}{R_2} + \frac{\Delta R_3}{R_3} + \frac{\Delta R_4}{R_4}\right)\right]^{-1}$$

$$(2-23)$$

令

$$1-r=\left[1+\frac{1}{2}\left(\frac{\Delta R_1}{R_1}+\frac{\Delta R_2}{R_2}+\frac{\Delta R_3}{R_3}+\frac{\Delta R_4}{R_4}\right)\right]^{-1} \tag{2-24}$$

则式（2-23）可写为

$$\Delta U_L=\frac{U_0}{4}\left(\frac{\Delta R_1}{R_1}-\frac{\Delta R_2}{R_2}+\frac{\Delta R_3}{R_3}-\frac{\Delta R_4}{R_4}\right)(1-r) \tag{2-25}$$

由式（2-25）可知，当电阻应变片的电阻变化率很小（应变量很小）时，r 值接近于零，非线性可忽略。对普通的金属应变片，由于灵敏系数不大，一般为 $K=2.0$ 左右，即使应变量较大，电阻的相对变化量也不会很大，因此非线性误差仍很小。但对半导体应变片，由于灵敏度很大。在相同的应变量下，电阻相对变化率较大，从而引起较大的非线性，因此必须采取措施进行线性补偿，以降低非线性。例如可采用半桥或全桥连接方式进行测量使相邻桥臂电阻变化数值大小相等，符号相反，可大大降低电桥的非线性。

2. 交流电桥

交流电桥采用交流电源供电，如图 2.10 所示。由于电源为交流，引线分布电容使得二桥臂应变片呈现复阻抗特性，即相当于在两片应变片上各并联一个电容。则桥臂上复阻抗为

$$\begin{aligned}
Z_1&=\frac{R_1}{1+j\omega R_1 C_1}\\
Z_2&=\frac{R_2}{1+j\omega R_2 C_2}\\
Z_3&=R_3\\
Z_4&=R_4
\end{aligned} \tag{2-26}$$

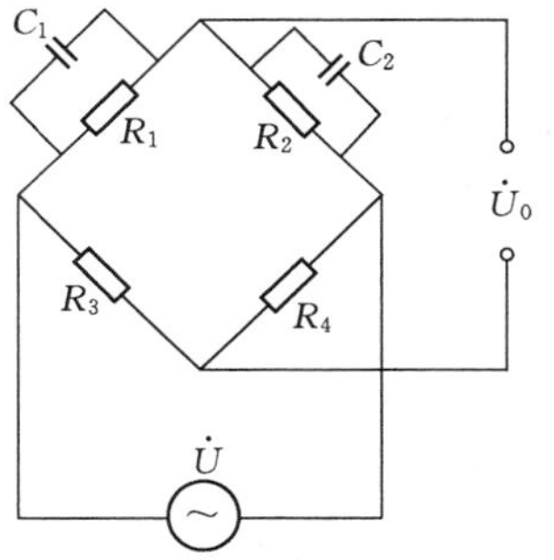

图 2.10　交流电桥

式中　C_1、C_2——应变片引线分布电容。

由交流电路分析可得

$$\dot{U}_0=\frac{\dot{U}(Z_1 Z_4-Z_2 Z_3)}{(Z_1+Z_2)(Z_3+Z_4)} \tag{2-27}$$

电桥平衡条件为

$$\frac{R_2}{R_1}=\frac{R_4}{R_3}$$

$$\frac{R_2}{R_1}=\frac{C_1}{C_2} \tag{2-28}$$

当被测量变化引起 Z_1、Z_2 变化时

$$\dot{U}_0=\frac{1}{2}\cdot\dot{U}\cdot\frac{\Delta Z}{Z_0} \tag{2-29}$$

2.2.3　应用注意事项

应用注意事项如下：

（1）应变极限。随应变加大，应变器件输出的非线性加大，一般将应变片的指示应变与真实应变的相对误差小于 10% 情况下所能达到的最大应变值作为应变器件的应变极限。

（2）机械滞后。敏感栅、基底及胶粘层承受机械应变后，一般都会存在残余变形，造成应变器件的机械滞后。

（3）零漂和蠕变。在恒定温度，无机械应变时，由于应变器件制造过程中产生的内应力造成的应变片阻值随时间变化的特性，称为零漂；在恒定温度、恒定应变时，应变器件由于电阻丝材料、胶黏剂和底基内部结构的变化引起的应变片阻值随时间变化的特性，称为蠕变。

（4）绝缘电阻。粘在试件上的应变器件的引出线与试件之间的电阻通常绝缘电阻为 $50\sim100\text{M}\Omega$，在长时间精密测量时要求大于 $100\text{M}\Omega$，甚至达到 $10\text{G}\Omega$。

（5）最大工作电流。应变器件正常工作允许通过的最大电流。通常静态测量时为 25mA，动态测量时为 $75\sim100\text{mA}$。工作电流过大会导致应变器件过热、灵敏度变化、零漂和蠕变增加，甚至烧毁。

（6）温度影响。电阻应变片的电阻除受应变变化外，环境温度也能引起其电阻的变化。这种温度引起的电阻变化，与试件应变引起的电阻变化几乎有相同的数量级，会给测量结果带来较大的误差。这种误差称为应变片的温度误差，又称为热输出。造成温度误差主要有两个原因：①应变片本身电阻随温度的变化引起的误差；②试件材料线膨胀引起的误差。

为了精确地测出被测试件的真实应变，必须采用一定的方法消除这种温度效应，这种方法称为温度补偿。温度补偿的方法有很多，但最常用的是补偿片法。即用一个应变片作为工作片，贴在被测试件上，将另一与工作片规格、性能相同的应变片作为温度补偿片，将它贴在与试件材料相同，且与试件处于同一温度环境中的补偿件上（不受力），但不承受应变。将两应变片分别接入相邻桥臂，使其变化相同，根据电桥理论可知，此时输出电压与温度变化无关。

2.3 电感式传感器

电感式传感器是利用电磁感应把被测的物理量，如位移、压力、流量、振动等转换成线圈的自感系数和互感系数的变化，再由电路转换为电压或电流的变化量输出，实现非电量到电量的转换。其变换按照转换原理的不同可分为自感型、互感型和电涡流式，根据结构型式分为气隙型、面积型和螺管型。电感传感器具有输出功率大、测量范围大、灵敏度高、稳定性好等优点，在水电站测试中得到了广泛的应用。尤其是电涡流传感器，被广泛应用于各类旋转机械转轴径向振动测量，对水力机组来说就是主轴摆度的测量中。此外，电涡流传感器和光电传感器联合作用于键相测量，实现对其他监测信号的采集控制和定位。

2.3.1 自感式传感器

2.3.1.1 工作原理

自感式传感器工作时衔铁与被测物体相接触，被测物体带动衔铁产生位移，引起磁路中气隙磁阻的变化，从而使线圈电感发生变化。在缠绕在铁芯上的线圈中通以交流电流后，就可以获得正比于位移输入量的电压或电流的输出信号。

线圈的电感为

$$L = \frac{W^2}{R_m} \qquad (2-30)$$

式中　W——线圈匝数；

　　　R_m——磁路总磁阻。

若气隙厚度较小，可认为气隙磁场是均匀的，而且不考虑磁路铁损，则磁路总磁阻为

$$R_m = \frac{l_1}{\mu_1 A_1} + \frac{l_2}{\mu_2 A_2} + \frac{2\delta}{\mu_0 A} \qquad (2-31)$$

式中　A——气隙磁通截面积；

　　　A_1——铁芯横截面积；

　　　A_2——衔铁横截面积；

　　　δ——气隙长度；

　　　μ_0——真空磁导率；

　　　μ_1——铁芯磁导率；

　　　μ_2——衔铁磁导率；

　　　l_1——铁芯的磁路长；

　　　l_2——衔铁的磁路长。

一般铁芯和衔铁的磁阻远远小于空气磁阻，所以式（2-31）可以简化为

$$R_m = \frac{2\delta}{\mu_0 A} \qquad (2-32)$$

磁路总磁阻计算为

$$L = \frac{W^2 \mu_0 A}{2\delta} \qquad (2-33)$$

由式（2-33）可知，电感与气隙长度成反比，与气隙截面积成正比。因此，根据变化参数不同，可以将自感式传感器分为气隙型、面积型和螺管型（图2.11）。气隙型改变气隙厚度，面积型改变导磁面积，螺管型利用铁芯在螺管中的直线位移改变线圈磁力线泄漏路径上的磁阻。

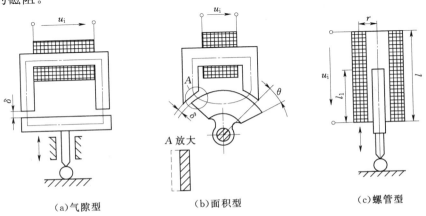

(a)气隙型　　　　(b)面积型　　　　(c)螺管型

图2.11　自感式传感器

设自感传感器的初始气隙为 δ_0，初始电感量为 L_0，则初始电感量为

$$L_0 = \frac{\mu_0 A W^2}{2\delta_0} \tag{2-34}$$

当衔铁下移气隙变化为 $\Delta\delta$ 时，电感量变化 ΔL_1 为

$$\Delta L_1 = L - L_0 = \frac{\mu_0 A W^2}{2(\delta_0 + \Delta\delta)} - \frac{\mu_0 A W^2}{2\delta_0} = \frac{\mu_0 A W^2}{2\delta_0}\left[\frac{2\delta_0}{2(\delta_0 + \Delta\delta)} - 1\right] = L_0 \frac{-\Delta\delta}{\delta_0 + \Delta\delta} \tag{2-35}$$

电感量的相对变化为

$$\frac{\Delta L_1}{L_0} = -\frac{-\Delta\delta}{\delta_0 + \Delta\delta} = \left(\frac{1}{1 + \frac{\Delta\delta}{\delta_0}}\right)\left(-\frac{\Delta\delta}{\delta_0}\right) \tag{2-36}$$

当 $\frac{\Delta\delta}{\delta_0} \ll 1$ 时，可将式（2-36）展开成泰勒级数形式，即

$$\frac{\Delta L_1}{L_0} = -\frac{\Delta\delta}{\delta_0} + \left(\frac{\Delta\delta}{\delta_0}\right)^2 - \left(\frac{\Delta\delta}{\delta_0}\right)^3 + \cdots \tag{2-37}$$

同理，当衔铁上移 $\Delta\delta$ 时，电感量变化为 ΔL_2 的泰勒级数形式，即

$$\frac{\Delta L_2}{L_0} = \frac{\Delta\delta}{\delta_0} + \left(\frac{\Delta\delta}{\delta_0}\right)^2 + \left(\frac{\Delta\delta}{\delta_0}\right)^3 + \cdots \tag{2-38}$$

忽略二次项以上的高次项，则传感器的灵敏度为

$$K = \left|\frac{\Delta L}{\Delta\delta}\right| = \left|\frac{L_0}{\delta_0}\right| \tag{2-39}$$

由式（2-39）可以看出，对于不同的自感传感器，电感与气隙长度的关系并不相同。以气隙型传感器为例，电感与气隙长度为非线性关系，满足式（2-40）：

$$K = \left|\frac{\Delta L}{\Delta\delta}\right| = \left|\frac{L_0}{\delta_0}\right| = \frac{W^2 \mu_0 A}{2\delta^2} \tag{2-40}$$

即气隙型传感器的灵敏度与气隙长度的平方成反比，因此，气隙型传感器非线性误差大，为了减小非线性，量程必须限定在很小的范围内，一般为初始气隙的 1/5 以下，控制在 0.001～1mm。

在实际使用中，常采用两个相同的传感线圈共用一个衔铁，构成差动式自感传感器，在衔铁位移时，可以使两个线圈的间隙按 $\delta_0 + \Delta\delta$、$\delta_0 - \Delta\delta$ 变化。一个线圈电感增加，另一个线圈电感减小。两个线圈的电气参数和几何尺寸要求完全相同。这种结构除了可以改善线性、提高灵敏度外，对温度变化、电源频率变化等的影响也可以进行补偿，从而减少了外界影响造成的误差。

2.3.1.2 测量电路

差动电感传感器电路主要采用电桥电路，如图 2.12 所示。

相邻两工作臂为 Z_1、Z_2，是差动电感传感器的两个线圈阻抗。另两臂为变压器次级线圈的两半。输出电压取自 A、B 两点。我们可推出 A、B 两点电位差即输出电压为

$$\dot{U}_L = \dot{U}_A - \dot{U}_B = \frac{Z_1}{Z_1 + Z_2}\dot{U} - \frac{1}{2}\dot{U} \tag{2-41}$$

电桥平衡位置为衔铁处于差动传感器中间时。此时，两线圈完全堆成，输出电压为零。当衔铁向下移动时，下线圈阻抗增加，即 $Z_1 = Z + \Delta Z$，而上线圈阻抗减少，即 $Z_1 =$

$Z-\Delta Z$，此时输出电压为

$$\dot{U}_L=\frac{Z+\Delta Z}{2Z}\dot{U}-\frac{1}{2}\dot{U}=\frac{\Delta Z}{2Z}\dot{U} \qquad (2-42)$$

衔铁上移时，输出电压为

$$\dot{U}_L=-\frac{\Delta Z}{2Z}\dot{U} \qquad (2-43)$$

由式（2-42）和式（2-43）可知，电桥输出电压和衔铁位移成反相变化。由于输出是交流，无法判别极性和位移方向，所以通常输出电压在接入指示仪表前需经过整流滤波处理。

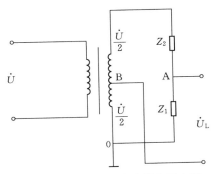

图 2.12　差动电感传感器电桥电路

2.3.2　互感式传感器

2.3.2.1　工作原理

互感式传感器的工作原理类似于变压器的工作原理。主要包括衔铁、初级绕组、次级绕组和线圈框架等，如图 2.13 所示。初级绕组、次级绕组的耦合能随衔铁的移动而变化，即绕组间的互感随被测位移的改变而变化。由于在使用时两个结构尺寸和参数完全相同的次级绕组采用反向串接，以差动方式输出，所以又把这种传感器称为差动变压器式电感传感器，通常简称为差动变压器。初级绕组作为差动变压器激励用，相当于变压器的原边，而次级绕组相当于变压器的副边。

当初级线圈有交变电流流过时，次级线圈中产生的感应电势为：

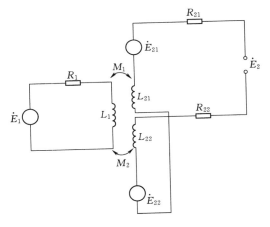

图 2.13　差动变压器式传感器等效电路

$$\dot{E}_{21}=-\mathrm{j}\omega M_1\dot{I}_1 \qquad (2-44)$$

$$\dot{E}_{22}=-\mathrm{j}\omega M_2\dot{I}_1 \qquad (2-45)$$

$$\dot{I}_1=\frac{\dot{E}_1}{R_1+\mathrm{j}\omega L_1} \qquad (2-46)$$

其中

式中　ω——初级线圈激励电压角频率；

　　　$\dot{I}_1$——初级线圈交流电流复值。

输出电压为

$$\dot{E}_2=\dot{E}_{21}-\dot{E}_{22}=-\mathrm{j}\omega(M_1-M_2)\dot{I}_1 \qquad (2-47)$$

将式（2-46）代入式（2-47）可得

$$\dot{E}_2=-\mathrm{j}\omega(M_1-M_2)\frac{\dot{E}_1}{R_1+\mathrm{j}\omega L_1} \qquad (2-48)$$

21

输出电压的有效值为

$$E_2 = \frac{\omega(M_1 - M_2)}{\sqrt{R_1^2 + (\omega L_1)}} E_1 \qquad\qquad (2-49)$$

当衔铁处于线圈中间对称位置时，输出电压为零。若衔铁上移，$M_1 = M + \Delta M$，$M_2 = M - \Delta M$，则式（2-49）变为

$$E_2 = \frac{2\omega \Delta M}{\sqrt{R_1^2 + (\omega L_1)^2}} E_1 \qquad\qquad (2-50)$$

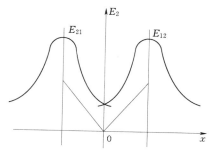

图 2.14　输出特性

由式（2-50）可知，输出电压与互感的变化成正比，其输出特性如图 2.14 所示。

2.3.2.2　测量电路

差动变压器的输出电压是交流量，其幅值大小与铁芯位移成正比，输出电压如用交流电压表指示，只能反映铁芯位移的大小，不能显示移动的方向。其次，当差动变压器的衔铁处于中间位置时，理想条件下其输出电压为零。但实际上，在零点仍有一个微小的电压值存在，称为零点残余电压。零点残余电压是由于差动变压器两个次级绕组不可能完全一致，从而使两个次级绕组的感应电势数值不等，初级线圈中铜损电阻及导磁材料的铁损和材质不均匀，形成存在线圈匝间电容、导磁材料磁化曲线非线性等。零点残余电压的存在造成零点附近的不灵敏区；零点残余电压输入放大器内会使放大器末级趋向饱和，影响电路正常工作。因此差动变压器式传感器的后接电路形式，需要既能反映铁芯位移极性，又能补偿零点残余电压的差动直流输出电路。图 2.15 是一种用于小位移测量的差动相敏检波电路。在没有输入信号时，铁芯处于中间位置，调节电阻 R，使零点残余电压减小；当铁芯移动时，输出电压经交流放大、相敏检波、滤波后得直流输出。由表头指示输出位移量大小和方向。

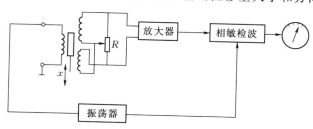

图 2.15　差动相敏检波电路

2.3.3　电涡流式传感器

2.3.3.1　工作原理

电涡流式传感器是一种无源传感器，不能将非电功率转换成电功率，所以必须要有外接电源才能工作。它是利用电涡流效应将位移等非电被测参量转换为线圈的电感或阻抗变化的变磁阻式传感器。所谓电涡流效应，指金属导体置于交变磁场中会产生电涡流，且该

电涡流所产生磁场的方向与原磁场方向相反的一种物理现象。工作原理图如图 2.16 所示。

当线圈通过交流电流 i 时，在线圈中会产生交变磁场，被测金属导体由于置于此交变磁场中，金属导体产生交变电流 i_1，此电流呈漩涡状，称为"电涡流"。此交变电涡流也会产生交变磁场，该磁场与初始线圈产生的磁场方向相反，因而会抵消一部分初始的交变磁场，从而使得线圈中的电感量、阻抗和品质因数发生变化。

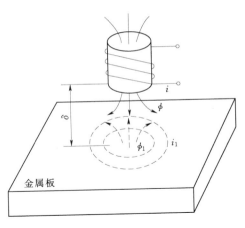

图 2.16　电涡流传感器原理

由于传感线圈的电感量、阻抗和品质因数的变化与金属导体的电导率、磁导率、几何形状、线圈的几何参数、激励源频率、激励电流及线圈到金属导体的距离等参数有关。因此，若固定某些参数恒定不变，只变化其中某一个参数，此时阻抗就与这个参数成单值函数关系。例如变化线圈到金属导体的距离，保持其他参数不变，可构成相应的位移传感器。

由于电涡流在金属导体的纵深方向并不是均匀分布的，而只集中在金属导体的表面，也就是所谓的趋肤效应。因此，控制激励电流、频率等参数不变，就可以用来检测与表面电导率 σ 有关的表面温度、表面裂纹等参数，或者用来检测与材料磁导率 μ 有关的材料型号、表面硬度等参数。

电涡流式传感器因长期工作可靠性好、灵敏度高、抗干扰能力强、非接触测量、响应速度快、不受油水介质影响、频率响应宽、体积小等，常被用于大型旋转机械的轴位移、轴振动和轴转速等参数计算。目前市面上的产品有美国本特利公司 3300、7200 系列产品，线性范围根据不同的探头直径分别有 $0.25 \sim 1.25$mm、$0.25 \sim 2.25$mm、$1.0 \sim 5.0$mm、$1.5 \sim 13.5$mm 等，最小分辨力为 0.1μm，最小全程非线性误差在 $\pm 0.5\%$ 以内；还有加拿大 VibroSystM 公司的 PES - 103，测量范围为 $0 \sim 3$mm、输出信号为 $5 \sim 20$mA 或 $1 \sim 10$V；国内的如 JX20 系列电涡流位移传感器，指标接近美国本特利公司 3300 系列产品水平，还有湖南天瑞公司的 TR81 系列涡流传感器。

2.3.3.2　测量电路

测量电路的任务是把阻抗变化转换为电压或电流输出，然后记录显示出来。常用的电路是分压式调幅电路，如图 2.17 所示。传感器线圈 L 与电容 C 组成并联谐振回路，其谐振频率为

$$f = \frac{1}{2\pi \sqrt{LC}} \tag{2-51}$$

电路中由振荡器提供稳定的高频信号电源。当谐振频率与该电源频率相同时，输出电压最大。测量时，传感器线圈阻抗随 d 而改变，LC 回路失谐，输出电压亦变化，再经过放大、检波、滤波后由指示仪表即可显示位移的变化。

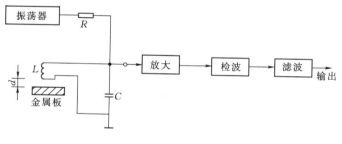

图 2.17　分压式调幅电路

2.3.4　应用注意事项

应用注意事项如下：

（1）铁芯材料的选择。铁芯材料选择的主要依据是要具有较高的导磁率、较高的饱和磁感应强度和较小的磁滞损耗。另外，还要求电阻率大，居里点温度高，磁性能稳定，便于加工等。常用导磁材料有铁氧体、铁镍合金、硅钢片和纯铁。

（2）电源频率的选择。提高电源频率的优点有：提高线圈的品质因数；提高灵敏度；有利于放大器的设计。但是过高的电源频率也会带来缺点，如铁芯涡流损耗增加；导线的集肤效应等会使灵敏度减低；增加寄生电容（包括线圈匝间电容）以及外界干扰的影响。

2.4　电容式传感器

电容式传感器是一种将被测非电量的变化转化为电容量变化的无源变换器。与电阻式、电感式等传感器相比，电容式传感器结构简单、测量范围大、灵敏度高、动态响应快、稳定性好，可以进行无接触测量等优点，在位移、振动、角度、加速度、压力、压差、液位等非电量的测量中得到了广泛应用。测量缓慢变化或微小量的非电量时，由于分辨率要求较高，其他传感器很难满足。例如差动变压器传感器的分辨率仅达到 $1\sim5\mu m$ 数量级，而电容式传感器可以达到 0.1nm 的分辨率，因此在精密小位移测量中电容式传感器格外受到青睐。但是电容式传感器也存在一定的不足之处，输出特性非线性严重，分布电容对测量结果影响较大。这些缺点随着电子集成技术的提高，已得到一定程度的改善。

电容式传感器由于测量结果不受电气偏差的影响而且对被测物体表面光洁度要求较低，因此在水力机组状态监测领域有许多应用。对于部分水力机组而言，由于测量部位受到励磁引线的影响，采用电涡流传感器输出存在失真，因此常采用抗电磁干扰能力强的电容式传感器测量机组的主轴摆度等位移参数。此外，由于电容式传感器经常用于监测水力机组的轴承油盆和推力轴承的油盆液位监测。测量定、转子气隙的空气间隙传感器也是由电容传感器组成。国内广泛应用的监测定、转子气隙的电容式传感器主要是加拿大 VibroSystM 公司的 PCS－302 一体化电容式位移传感器。

2.4.1　工作原理和分类

电容式传感器是将非电量转换为电容量变化。最基本的结构是由两平行极板组成的以

空气为介质的电容器，如图 2.18 所示。当忽略边缘效应影响时，两平板导体之间的电容量为

$$C = \frac{\varepsilon A}{\delta} = \frac{\varepsilon_r \varepsilon_0 A}{\delta} \qquad (2-52)$$

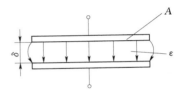

图 2.18　平板电容器

式中　C——电容；

　　　δ——两平行极板之间的距离；

　　　A——两平行极板相互覆盖的有效面积；

　　　ε——极板间介质的介电常数；

　　　ε_r——相对介电常数；

　　　ε_0——真空介电常数。

由式（2-52）可见，δ、A、ε_r 三个参数决定了电容器的电容。固定三个参数中的两个，可以做成三种类型的电容传感器：变极距型（δ 变化），变面积型（A 变化）和变介电常数型（ε_r 变化）。

1. 变极距型

图 2.19 为变极距型传感器的最基本结构示意图，一个可动极板由被测金属工作平面充当，另一固定极板为专门制作的金属平面。当两极板间介质及相互覆盖面积不变时，电容器的电容量与极距之间呈非线性关系。改变极距，则电容变化值满足式（2-53）。

$$\Delta C = C_0 \frac{\Delta \delta}{\delta \pm \Delta \delta} = C_0 \frac{\Delta \delta}{\delta} \left(\frac{1}{1 \pm \Delta \delta / \delta} \right) \qquad (2-53)$$

泰勒级数展开后，且当 $\Delta \delta / \delta \ll 1$ 时，式（2-53）可以写为

$$\Delta C = C_0 \frac{\Delta \delta}{\delta} \left[1 \pm \frac{\Delta \delta}{\delta} + \left(\frac{\Delta \delta}{\delta} \right)^2 \pm \left(\frac{\Delta \delta}{\delta} \right)^3 + \cdots \right] \approx C_0 \frac{\Delta \delta}{\delta} \qquad (2-54)$$

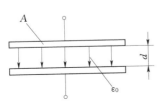

图 2.19　变极距传感器基本结构

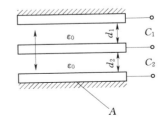

图 2.20　差动电容传感器

所以，为了提高灵敏度，δ 取值不能过大，这样传感器可以获得近似线性的特性。当然也可以采用差动形式的电容传感器，其结构如图 2.20 所示。上下极板为固定，中间极板为活动板。平衡位置时活动板位于中间，两边电容相等。当改变活动板位置时，电容量变化为两边电容变化之和，由式（2-55）可得。

$$\Delta C = 2C_0 \frac{\Delta \delta}{\delta} \left[1 + \left(\frac{\Delta \delta}{\delta} \right)^2 + \left(\frac{\Delta \delta}{\delta} \right)^4 + \cdots \right] \qquad (2-55)$$

由式（2-55）可见，差动电容传感器灵敏度更高，在零点附近工作的线性度也得到了改善。

2. 变面积型

图 2.21 为变面积型电容式传感器的结构原理图。角位移传感器中通过极板 2 的轴由

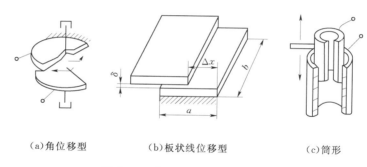

（a）角位移型　　　　（b）板状线位移型　　　　（c）筒形

图 2.21　变面积型电容式传感器

被测物体带动旋转一个角度时导致两极板的覆盖面积发生变化；板状线位移型传感器中通过极板 2 的左右移动改变两极板间的覆盖面积。筒形传感器则固定外圆筒，控制内圆筒在外圆筒内做上、下直线运动来改变极板覆盖面积。面积变化型传感器的优点是输出输入呈线性关系。与极距变化型相比，其灵敏度较低，一般适于较大直线位移和角位移的测量。

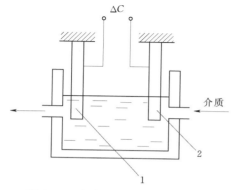

图 2.22　变介电常数电容式传感器

3. 变介电常数型

变介电常数型传感器的结构原理如图 2.22 所示，电容器由两个固定极板 1、2 及介电常数为 ε 的某种介质组成。因为各种介质的相对介电常数不同（表 2.2），所以在电容器两极板间插入不同介质时，电容器的电容量也就不同。这种传感器可用来测量物位或液位，也可测量位移。

表 2.2　　　　　　　　　　　　　几种介质的相对介电常数

介质名称	相对介电常数	介质名称	相对介电常数
真空	1	玻璃釉	3～5
空气	略微大于 1	二氧化硅	38
其他气体	1～1.2	云母	5～8
变压器油	2～4	干的纸	2～4
硅油	2～3.5	干的谷物	3～5
聚丙烯	2～2.2	环氧树脂	3～10
聚苯乙烯	2.4～2.6	高频陶瓷	10～160
聚四氟乙烯	2	低频陶瓷、压电陶瓷	1000～10000
聚偏二氟乙烯	3～5	纯净的水	80

2.4.2　测量电路

电容式传感器中将被测非电量转换为电容量的变化后，由于电容值以及电容变化值都非常小，不能直接为目前的显示仪表所显示，也很难为记录仪所接受，不便于传输。因此

26

必须借助于测量电路检出这一微小电容增量，并将其转换成与其成单值函数关系的电压、电流或频率等电信号。

电容式传感器电测系统中的测量电路很多，常用的有调频电路、运算放大器式电路、二极管双 T 型交流电桥、电桥型电路、脉冲宽度调制电路等。以下仅介绍电桥型电路。

将电容式传感器作为桥路一部分，由电容变化转换为电桥的电压输出。通常采用电阻、电容或电感，电容组成交流电桥。图 2.23 是一种电容、电感组成的桥路，电桥输出为一调幅波，经放大、相敏检波后得到输出，再推动显示仪表工作。

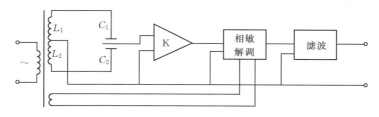

图 2.23　变压器式电桥电路

2.4.3　应用注意事项

电容式传感器在应用过程中要注意如下事项：

（1）寄生电容的影响。电容式传感器由于受结构与尺寸的限制，其电容量都很小，属于小功率、高阻抗器件，因此极易外界干扰，尤其是受大于它几倍、几十倍的，且具有随机性的电缆寄生电容的干扰，它与传感器电容相并联，严重影响感器的输出特性，甚至会淹没有用信号而不能使用。消灭寄生电容影响，是电容式传感器实用的关键。

（2）边缘效应的影响。实际上当极板厚度与极距之比相对较大时，边缘效应的影响就不能忽略；边缘效应不仅使电容传感器的灵敏度降低，而且产生非线性。

（3）静电引力的影响。电容式传感器两极板间因存在静电场，而作用有静电引力或力矩。静电引力的大小与极板间的工作电压、介电常数、极间距离有关。通常这种静电引力很小，但在采用推动力很小的弹性敏感元件情况下，须考虑因静电引力造成的测量误差。

（4）温度影响。环境温度的变化将改变电容传感器的输出相对被测输入量的单值函数关系，从而引入温度干扰误差。温度影响主要包括温度对结构尺寸和对介质的影响两方面。

2.5　磁电式传感器

磁电式传感器利用电磁感应效应、霍尔效应或磁阻效应等电磁现象，把被测物理量的变化转变为感应电动势的变化，实现速度、位移等参数测量。按电磁转换机理的不同，磁电式传感器可分为磁电感应式传感器和霍尔式传感器，广泛用于建筑、工业等领域中振动、速度、加速度、转速、转角、磁场参数等的测量。

在水力机组状态监测中，磁电式传感器常被作为低频速度传感器，用于测量水力机组各支撑部件（上机架、下机架、顶盖、定子机座等）的低频振动。国外厂家的磁电式低频速度传感器主要有美国 Bently 公司的 9200 系列、德国申克公司的 VS-068/069 系列、瑞士 Vibrometer 公司的 CV210 系列等，虽然这些产品的频响特性和灵敏度很高，但是由于价格昂贵，在我国水力机组状态监测中未得到普及应用。目前，我国水力机组大量应用的是北京豪瑞斯公司的 MLS-9 系列产品，该传感器价格便宜，测量效果比较理想。

2.5.1 磁电感应式传感器

磁电感应式传感器把被测物理量的变化转变为感应电动势，不需要外部供电电源，电路简单，性能稳定，输出阻抗小，又具有一定的频率响应范围（一般为 10～1000Hz），适用于振动、转速、扭矩等测量。其中惯性式传感器不需要静止的基座作为参考基准，它直接安装在振动体上进行测量，因而在地面振动测量及机载振动监视系统中获得了广泛的应用。但这种传感器的尺寸和重量都较大。

2.5.1.1 工作原理

根据电磁感应定律，对一个匝数为 W 的线圈，当穿过该线圈的磁通发生变化时，其感应电动势为

$$E = -W \frac{\mathrm{d}\phi}{\mathrm{d}t} \tag{2-56}$$

可见，线圈感应电动势的大小，取决于线圈匝数和穿过线圈的磁通变化率。磁通变化率与磁场强度、磁阻、线圈运动速度有关，改变其中一个因素，都会改变感应电动势。按照结构方式不同，磁电感应式传感器可分为动圈式和磁阻式。

1. 动圈式传感器

动圈式又可分为线速度型与角速度型。线速度型磁电式传感器［图 2.24（a）］是线圈直线运动并切割磁力线，此时感应电动势为

$$E = WBlv\sin\theta \tag{2-57}$$

式中　B——磁感应强度；

　　　l——单匝线圈有效长度；

　　　v——线圈与磁场的相对运动速度；

　　　θ——线圈运动方向与磁场方向夹角。

由式（2-57）可知，当 W、B、l 为常数时，感应电动势的大小与线圈运动的线速度成正比。若用它来测量振动，则振动速度转换成了感应电动势，测出此电动势大小即可知振动速度大小。

角速度型传感器结构如图 2.24（b）所示。线圈在磁场中旋转运动并切割磁力线，产生的感应电动势为

$$E = \omega BAW \tag{2-58}$$

式中　ω——角频率；

　　　A——单匝线圈的截面积。

式（2-58）表明，当传感器结构一定时，W、B、A 为常数，感应电动势与线圈相对磁场的角速度成正比，这种传感器被用于转速测量。测量时只要将传感器通过机械传动装置与机组大轴相接触，输出电压信号就可以反映机组的转速。

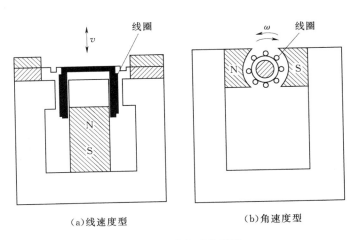

(a)线速度型 　　　　　　　　　(b)角速度型

图 2.24　磁电式传感器

2. 磁阻式传感器

磁阻式传感器中，线圈和磁铁都静止不动，转动物体引起磁阻、磁通变化，使线圈产生感应电动势。一般用它来测频率、转速、振动等。例如用磁阻式传感器测频率时，如图 2.25 所示，线圈和磁铁静止不动，测量齿轮（导磁材料制成）每转过一个齿，传感器磁路磁阻变化一次，线圈产生的感应电动势的变化频率等于测量齿轮的齿数和转速的乘积。变磁通式传感器对环境条件要求不高，能在 $-150 \sim 90\,℃$ 的温度下工作，不影响测量精度，也能在油、水、雾、灰尘等条件下工作。但其工作频率下限较高，约为 $50\,Hz$，上限可达 $100\,Hz$。

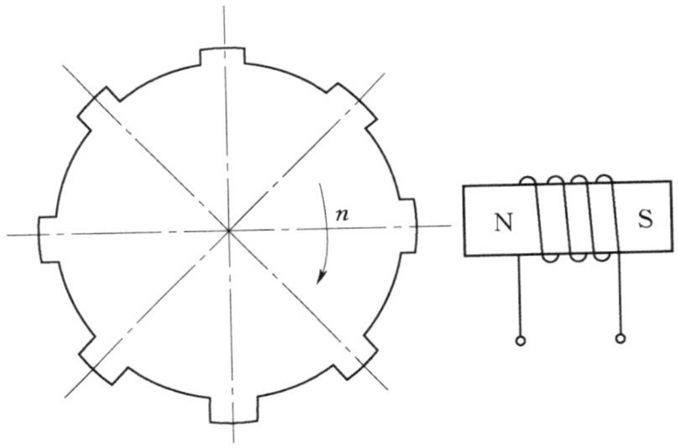

2.5.1.2　测量电路

磁电式传感器工作不需外加电源，它能直接输出感应电势。将传感器线圈中产生的感应电动势通过电缆输给电压放大器放大、检波后，即可推动指示仪表工作。但是磁电式传感器输出电压是与速度成正比，即测量信号为速度信号，如果要得到位移或加速度信号，则在电路中要配上积分或微分电路。图 2.26 为磁电式传感器的测量电路框图。

图 2.25　磁阻式传感器

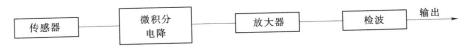

图 2.26　磁电式传感器测量电路

2.5.2　霍尔式传感器

霍尔传感器是利用霍尔元件基于霍尔效应原理而将被测量转换成电动势输出的一种不

需要外界电源供电的磁电式传感器。所谓霍尔效应，指金属或半导体薄片置于磁场中，当有电流流过时，在垂直于电流和磁场的方向上将产生电动势，原理如图 2.27 所示。1879 年美国物理学家霍尔首先在金属材料中发现了霍尔效应，但是由于金属材料的霍尔效应太弱而没有得到应用。随着半导体技术的发展，开始用半导体材料制作霍尔元件，由于半导体的霍尔效应显著而得到应用和发展。

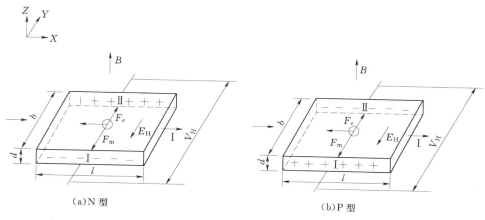

图 2.27　霍尔效应原理图

如图 2.27（a）所示，一长为 l、宽为 b、厚为 d 的 N 型单晶薄片，沿 Z 方向加以磁感应强度为 B 的磁场，沿 X 方向通以工作电流 I，N 型单晶薄片中的载流子——电子将受到磁场作用产生洛伦兹力 F_m。在力 F_m 的作用下，电子向半导体片的 Ⅱ 侧面偏转，在 Ⅱ 侧面上形成电子的积累，相对 Ⅰ 侧面上因缺少电子而出现等量的正电荷，则在这两个侧面上产生一横向电场即霍尔电场 E_H。该电场阻止运动电子的继续偏转，当电场作用在运动电子上的力 F_e 与洛伦兹力 F_m 相等时，电子的积累便达到平衡。

此时，在薄片两侧面即 Y 方向产生电动势 V_H，V_H 称为霍尔电压。实验表明，在磁场不太强时，电位差 V_H 与电流强度 I 和磁感应强度 B 成正比，与板的厚度 d 成反比，即

$$V_H = R_H \frac{IB}{d} \tag{2-59}$$

$$V_H = K_H IB \tag{2-60}$$

式中　R_H——霍尔系数；

　　　K_H——霍尔元件的灵敏度，即在单位控制电流和单位磁感应强度下的霍尔电势。

　　　而且材料的厚度愈小，K_H 越大，灵敏度越高。

若是 P 型半导体，则如图 2.27（b）所示，由于形成电流的载流子是带正电荷的空穴，Ⅰ 侧面积累正电荷，Ⅱ 侧面积累负电荷，此时，Ⅰ 侧面电位比 Ⅱ 侧面高。由此可知，根据 Ⅰ、Ⅱ 两端电位的高低，就可以判断半导体材料的导电类型是 P 型还是 N 型。

霍尔传感器按被检测对象的性质可分为直接应用和间接应用。前者是直接检测出受检测对象本身的磁场或磁特性，后者是检测受检对象上人为设置的磁场，用这个磁场作被检测的信息的载体，通过它，将许多非电、非磁的物理量，例如压力、应力、位移、速度、加速度、角速度、转速以及工作状态发生变化的时间等，转变成电量进行检测和控制。根

据式（2-60），若维持电流强度、板的厚度，则霍尔电压仅与磁感应强度有关，根据此原理可制成测量磁场强度的高斯计、测量转速的霍尔转速表、磁性产品计数器、霍尔式角编码器以及基于微小位移测量原理的霍尔式加速度计、微压力计等；若维持电流强度、磁感应强度不变，则霍尔电压仅与板的厚度有关，可制成角位移测量仪等；若维持板厚度不变，则霍尔电压与电流强度和磁感应强度的乘积成正比，可制成模拟乘法器、霍尔式功率计等。

由于霍尔元件在静止状态下，具有感受磁场的独特能力，并且具有结构简单、体积小、噪声小、频率范围宽（从直流到微波）、动态范围大（输出电势变化范围可达 1000：1）、寿命长等特点，因此获得了广泛应用。

2.6 压电式传感器

压电式传感器是基于压电效应的一种可逆式传感器，既可将机械能转换为电能，又可将电能转换为机械能。它的敏感元件由压电材料制成。压电材料受力后表面产生电荷。此电荷经电荷放大器和测量电路放大及变换阻抗后，成为正比于所受外力的电量输出。压电式传感器被广泛用于力、压力、加速度测量，也被用作超声波发射与接收装置，做成超声波流量计、超声波探伤仪等。它的优点是频带宽、灵敏度高、信噪比高、结构简单、工作可靠和重量轻等。缺点是某些压电材料需要防潮措施，而且输出的直流响应差，需要采用高输入阻抗电路或电荷放大器来克服这一缺陷。

在水力机组状态监测中，压电式传感器主要被用于水轮机压力脉动的测试，但是只能测量动态的压力脉动，不能同时测量对应的压力。此外，压电式加速度传感器常被用于测量定子铁芯的振动以及水轮机空化空蚀时产生的振动。

2.6.1 工作原理

压电式传感器是基于压电效应工作的。压电效应分正压电效应和逆压电效应。所谓正压电效应，指某些物质在沿一定方向受到压力或拉力作用而发生改变时，其表面上会产生电荷；若将外力去掉时，它们又重新回到不带电的状态。逆压电效应是指在压电材料的两个电极面上，如果加以交流电压，那么压电片能产生机械振动，即压电片在电极方向上有伸缩的现象，压电材料的这种现象称为"电致伸缩效应"，也称为"逆压电效应"。压电式传感器大多是利用正压电效应制成的。

压电式传感器中具有压电效应的物质分为压电单晶、压电多晶和有机压电材料三种。其中用得最多的是各类压电陶瓷和石英晶体。此外，压电单晶还有适用于高温辐射环境的铌酸锂以及钽酸锂、镓酸锂、锗酸铋等。压电多晶有属于二元系的钛酸钡陶瓷、锆钛酸铅系列陶瓷、铌酸盐系列陶瓷和属于三元系的铌镁酸铅陶瓷。压电多晶的优点是烧制方便、易成型、耐湿、耐高温。缺点是具有热释电性，会对力学量测量造成干扰。有机压电材料有聚二氟乙烯、聚氟乙烯、尼龙等十余种高分子材料。有机压电材料可大量生产和制成较大的面积，它与空气的声阻匹配具有独特的优越性，是很有发展潜力的新型电声材料。

图 2.28（a）为一石英晶体的外形图，图 2.28（b）为其关联坐标系。当沿 X 轴线或

Y 轴线方向受力时，在垂直于 X 轴的表面上产生电荷。Z 轴为中性轴，当外力沿 Z 轴方向作用时，在任何表面都不产生电荷。为了利用石英晶体的压电效应进行力-电转换，常将石英晶体沿垂直于 X 轴的平面切成薄片作为压电晶片，如图 2.29 所示。

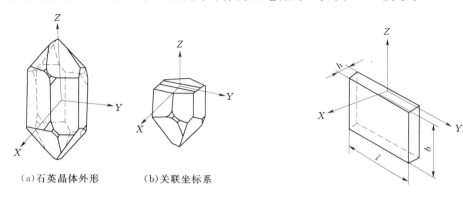

（a）石英晶体外形　　（b）关联坐标系

图 2.28　石英晶体

图 2.29　石英晶体切片

在压电晶片的两个工作面上进行金属蒸镀形成金属膜，构成两个电极。当晶片受外力作用时，在两个极板上积聚了数量相等、而且极性相反的电荷，形成电场。因此压电式传感器可看做是一个电荷发生器，也是一个电容器。实践证明，力 F 作用在压电转换元件的平面上时，压电元件表面的电荷 q 为

$$q = dF \qquad\qquad (2-61)$$

式中　d——压电系数，与材质和切片方向有关。

测得 q 的大小就可知道力 F 大小。为避免消耗极板上电荷，利用压电式传感器测量静态量值时，需使电荷从压电晶片经测量电路的漏失减小到足够小的程度。而在动态交变力的作用下，电荷可以不断补充，供给测量电路一定的电流，故压电式传感器更适合于动态测量。

实际使用中，采用单片压电片工作时，要产生足够的表面电荷需要很大作用力，但测量粗糙度和微压差时所提供的力很小，因此为了提高其灵敏度，通常是把两片或两片以上同型号的压电元件粘贴在一起。由于压电晶片有电荷极性，因此连接方式有并联和串联两种形式，如图 2.30 所示。并接时两晶片负极集中在中间极板上，正电极在两侧的电极上。并接时电容量大，输出电荷量大，适宜于以电荷量输出的场合。串接时正电荷集中在上极板，负电荷集中在下极板。串接法传感器本身电容

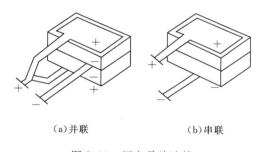

（a）并联　　　　　（b）串联

图 2.30　压电晶片连接

小，输出电压大，适宜于以电压作为输出信号的场合。

2.6.2　测量电路

由于压电式传感器的输出电信号是很微弱的电荷，而且传感器本身有很大的内阻，故

输出能量很小，一般不能直接显示和记录。为此，通常把传感器输出信号先接入一个高输入阻抗的前置放大器，然后再接一般的放大电路及检波电路。工程上常用的前置放大器是带电容反馈的电荷放大器，能将高内阻的电荷源转换为低内阻的电压源，而且输出电压正比于输入电荷，因此，电荷放大器同样也起着阻抗变换的作用，其输出阻抗小于

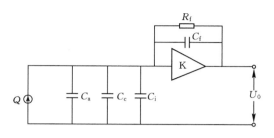

图 2.31 电荷放大器等效电路

100Ω。使用电荷放大器突出的一个优点是在一定条件下，传感器的灵敏度与电缆长度无关。如图 2.31 所示为电荷放大器的等效电路。

其中 C_a 为传感器的电容，C_c 为连接电缆的等效电容，C_i 为放大器的输入电容，R_f 为并在反馈电容两端的漏电阻。压电晶体产生电荷 Q 不仅对反馈电容充电，同时也对所有电容充电。用公式表示为

$$Q=(C_a+C_c+C_i)U_i+C_F(U_i-U_0) \tag{2-62}$$

把 $U_0=-AU_i$ 代入式（2-62），可得

$$Q=(C_a+C_c+C_i)U_i+C_F(1+A)U_i \tag{2-63}$$

$$U_0=-\frac{AQ}{C_a+C_c+C_i+C_F(1+A)} \tag{2-64}$$

因为$(C_a+C_c+C_i)\ll C_F(1+A)$，而且 $A=10^4\sim10^6$，所以式（2-64）可以简化为

$$U_0=-\frac{Q}{C_F} \tag{2-65}$$

由式（2-65）可知，电荷放大器的输出电压只与输入电荷量和反馈电容有关，而与放大器的放大系数的变化或电缆电容等均无关系。只要保持反馈电容的数值不变，就可得到与电荷量 Q 变化成线形关系的输出电压。反馈电容 C_F 越小，输出越大。要达到一定的输出灵敏度要求，就必须选择适当的反馈电容。

2.7 光电式传感器

光电传感器是一种将光信号转换成电信号的传感器，它首先把被测量的变化转换成光量的变化，然后借助光电元件进一步将光量转换成电量，从而实现非电量测量。光电传感器结构简单、非接触、反应快、精度高，不容易受电磁干扰，但是容易受到外界光干扰，对光信号的监测处理比较困难，抗振动和冲击性能较差。

光电传感器由三部分构成：发送器、接收器和检测电路。发送器对准目标发射光束，发射的光束一般来源于半导体光源，发光二极管（LED）、激光二极管及红外发射二极管。接收器包括光电二极管、光电三极管、光电池等。在接收器的前面，装有光学元件如透镜和光圈等，在其后面是检测电路，它能滤出有效信号并应用该信号。

在水力机组状态监测中，常用光电式传感器测量转速，将转速的变化变为光通量的变化，再经过光电管转为电量的变化，通常将光脉冲变成电脉冲，然后对脉冲进行放大整形

计数。

2.7.1 工作原理

2.7.1.1 光电效应

光电传感器的工作基础是光电效应。所谓光电效应，就是指物质（主要是某些金属及其氧化物和半导体材料）在光的照射下释放电子的现象。

光电效应分为两类：一是外光电效应，即在光线作用下使物体的电子逸出表面的现象，如光电管、光电倍增管；二是内光电效应，指受光照物体电阻率发生变化或产生光电动势的效应，又称光电导效应和光生伏特效应。外光电效应多发生于金属和金属氧化物内，内光电效应则多发生在半导体材料内。

2.7.1.2 光电元件

1. 外光电效应光电元件

（1）光电管。光电管是一种产生外光电效应的光电元件，有真空光电管和充气光电管或称电子光电管和离子光电管两类。真空光电管由一个阴极和一个阳极构成，共同密封在一个真空玻璃管内。阴极贴附在玻璃管内壁，其上涂有光电发射材料，对光敏感的一面向内布置；阳极通常用金属丝弯曲成矩形或圆形，置于玻璃管的中央，结构如图 2.32 所示。

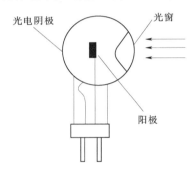

图 2.32　光电管的结构示意图

当阴极受到适当波长的光线照射时溅射出电子，带正电位的阳极将收集从阴极上溅射出来的电子，在整个回路形成电流。在阳极串联一负载电阻，则电流经过电阻产生一个输出电压。可见，当入射光的频谱成分和光电管的工作电压不变时，输出电压的大小与入射光通量成正比。

充气光电管结构与真空光电管基本相同，但是在玻璃泡内充入少量的惰性气体。当光电极被光照射发射电子时，光电子在趋向阳极的途中将撞击惰性气体的原子，使其电离，从而使阳极电流急剧增加，提高了光电管的灵敏度。充气光电管灵敏度高，但是随电压变化显著，稳定性和频率特性不如真空光电管。目前比较常用的都为真空光电管。

（2）光电倍增管。当入射光很微弱时，普通光电管产生的光电流很小，只有零点几微安，如果简单的放大光电流能，信号和噪声同时被放大，影响测量结果。这时常用光电倍增管对电流进行放大，图 2.33 为光电倍增管内部结构示意图。

光电倍增管由光电阴极、多个次阴极（又称倍增极）和阳极三部分组成。光电阴极是由半导体光电材料锑铯做成，入射光照射在它上面产生光电子；次阴极是在镍或铜-铍的衬底上涂上锑铯材料而形成的，各倍增极上都加有一定电压，激发产生更多的电子，倍增极多的可达 30 级；阳极用

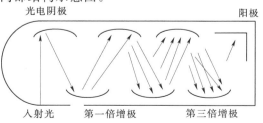

图 2.33　光电倍增管内部结构示意图

来收集电子的，收集到的电子数是阴极发射电子数的 $10^5 \sim 10^8$ 倍。即光电倍增管的放大倍数可达几万倍到几百万倍。光电倍增管的灵敏度就比普通光电管高几万倍到几百万倍。因此在很微弱的光照时，它就能产生很大的光电流。因此，光电倍增管不能受强光照射，否则将会损坏。

一般在使用光电倍增管时，必须把管子放在暗室里避光使用，使其只对入射光起作用；但是由于环境温度、热辐射和其他因素的影响，即使没有光信号输入，加上电压后阳极仍有电流，这种电流称为暗电流，这是热发射所致或场致发射造成的，这种暗电流通常可以用补偿电路消除。如果光电倍增管与闪烁体放在一处，在完全蔽光情况下，出现的电流称为本底电流，其值大于暗电流。增加的部分是宇宙射线对闪烁体的照射而使其激发，被激发的闪烁体照射在光电倍增管上而造成的，本底电流具有脉冲形式。

2. 内光电效应光电元件

（1）光敏电阻。光敏电阻又称光导管，为纯电阻元件，结构如图 2.34 所示。其工作原理是基于光电导效应。当无光照时，光敏电阻值（暗电阻）很大，电路中电流很小；当有光照时，光敏电阻值（亮电阻）急剧减少，电流迅速增加。其优点是灵敏度高、光谱特性好（光谱响应从紫外区一直到红外区）、体积小、重量轻、性能稳定。不足有光敏电阻的灵敏度易受潮湿的影响，要将光电导体严密封装在带有玻璃的壳体中，需要外部电源，有电流时会发热。

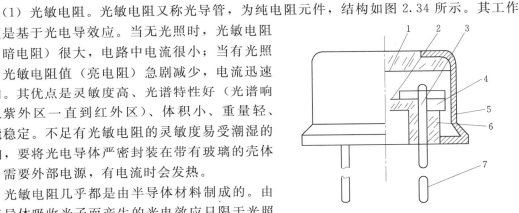

图 2.34　光敏电阻结构示意图
1—玻璃；2—光电导层；3—电极；4—绝缘衬底；
5—金属壳；6—黑色绝缘玻璃；7—引线

光敏电阻几乎都是由半导体材料制成的。由于半导体吸收光子而产生的光电效应只限于光照的表面薄层，因此光敏电阻的电极一般采用梳状，以提高了光敏电阻的灵敏度。此外，在使用中要注意由于光敏电阻的光照特性呈非线性，因此不宜作为测量元件，一般在自动控制系统中常用作开关式光电信号传感元件；光敏电阻对不同波长的光，灵敏度是不同的，应根据光源的波长选用光敏元件；光敏电阻受温度的影响较大，当温度升高时，它的暗电阻和灵敏度都下降，光谱响应峰值向短波方向移动，因此应采取降温措施，以提高光敏电阻对长波光的响应。

（2）光电池。光电池是利用光生伏特效应把光能转变成电能的器件，又称为太阳能电池。当有光线作用时光电池实质上就是电源，电路中有了这种器件就不再需要外加电源。

光电池实质上就是一个大面积的 PN 结，当光照射在 PN 结上时，在结的两端出现电动势。结构和工作原理如图 2.35 所示。在 N 型衬底上制造一薄层 P 型层作为光照敏感面，就构成最简单的光电池。当入射光子的能量足够大时，P 型区每吸收一个光子就产生一对光生电子-空穴对，光生电子-空穴对的扩散运动使电子通过漂移运动被拉到 N 型区，空穴留在 P 区，所以 N 区带负电，P 区带正电。如果光照是连续的，经短暂的时间，PN 结两侧就有一个稳定的光生电动势输出。用导线将 PN 结两端用导线连接起来，就有电流流过，电流的方向由 P 区流经外电路至 N 区。若将电路断开，就可以测出光生电动势。

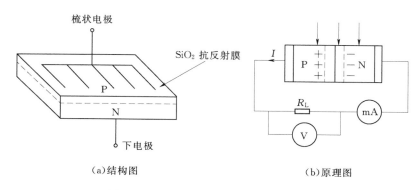

（a）结构图   （b）原理图

图 2.35　光电池结构和工作原理示意图

光电池使用时需注意：光电池对不同波长的光，灵敏度是不同的，所以应该根据光源性质来选择光电池；短路电流与光照度呈线性关系，开路电压与光照度是非线性的，应把光电池当做电流源的形式来使用；开路电压随温度升高而下降的速度较快，而短路电流随温度升高而缓慢增加，应采用相应的措施来进行温度补偿。

（3）光敏晶体管。光敏晶体管是一种利用受光照射时载流子增加的半导体光电元件，它与普通的晶体管一样，也具有 PN 结。有一个 PN 结的光敏晶体管叫做光敏二极管，有两个 PN 结的光敏晶体管叫做光敏三极管。图 2.36 为光敏二极管的结构示意图。无光照时，处于反偏的光敏二极管工作在截止状态，只有少数载流子在反向偏压的作用下，渡越阻挡层形成微小的反向电流，即暗电流。受光照时，PN 结附近受光子轰击，吸收其能量而产生电子-空穴对，从而使 P 区和 N 区的少数载流子浓度大大增加。因此在外加反向电压和内电场的作用下，P 区的少数载流子渡越阻挡层进入 N 区，N 区的少数载流子渡越阻挡层进入 P 区，从而使通过 PN 的反向电流大大增加，即光电流。

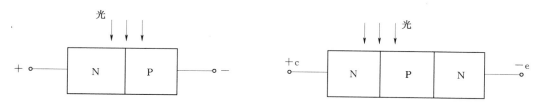

图 2.36　光敏二极管结构示意图　　　　图 2.37　光敏三极管结构示意图

光敏三极管有两个 PN 结，它在把光信号转换为电信号的同时，又将信号电流加以放大。结构与普通三极管相似，如图 2.37 所示，基极没有引出线，只有正负（c、e）两个引脚。与光电池相比，光敏晶体管灵敏度更高、体积小、重量轻、性能稳定、价格低，应用也更加广泛。

2.7.1.3　光电耦合器件

光电耦合器件是由发光元件和光电接受元件合并使用，以光作为媒介传递信号的光电器件。光电耦合器中的发光元件通常是半导体的发光二极管，光电接受元件有光敏电阻、光敏二极管、光敏三极管或可控硅等。根据其结构特点和用途不同又可分为用于实现电隔离的光电耦合器和用于检测有无的光电开关。光电耦合器被广泛应用在电路隔离、电平转换、噪声抑制、无触点开关及固态继电器等场合。

2.7.2 应用注意事项

应用注意事项如下：

（1）模拟式光电传感器的输出量为连续变化的光电流，因此在应用中要求光电器件的光照特性呈单值线性，光源的光照要求保持均匀稳定。

（2）开关式光电传感器的输出信号对应于光电信号"有""无"受到光照两种状态，即输出特性是断续变化的开关信号。在应用中这类传感器要求光电元件灵敏度高，而对元件的光照特性要求不高。

（3）光电耦合器件在使用时要使发光元件与接受元件的工作波长相匹配，保证具备较高的灵敏度。具体选用原则如下：LED-光敏三极管形式常用于信号隔离，频率在100kHz以下；LED-复合管或达林顿管的形式常用在低功率负载的直接驱动等场合；LED-光控晶闸管形式常用在大功率的隔离驱动场合。

2.8 热电式传感器

热电式传感器是一种将温度变化转换为电量变化的装置，利用某些材料或元件的性能随温度变化的特性来进行测量。例如将温度变化转换为电阻、热电动势、热膨胀、导磁率等的变化，再通过适当的测量电路达到检测温度的目的。按照测温方法的不同，热电式传感器分为接触式和非接触式两大类。

在水力机组状态监测中，热电式传感器主要用于温度测量。温度是水力机组安全运行的重要指标，经常监测的温度参数有水力机组轴承的瓦温、油温，发电机定、转子及线棒温度，发电机冷热风温、水力机组冷却器温度等。目前，水力机组温度监测常用的是利用热电阻传感器采集设备平均温度和利用热电偶传感器采集轴承瓦温。此外，红外检测等非接触式传感器可用于设备的无损探伤和气体分析，常被用于水轮机叶片的裂纹和叶片焊接工艺的缺陷检测以及主变压器的色谱分析。

2.8.1 接触式热电传感器

2.8.1.1 热电阻式传感器

热电阻式传感器是利用导体或半导体的电阻值随温度变化而变化的原理进行测温的。根据金属温度升高 1℃ 时阻值增加 0.4%～0.6%，半导体的阻值减少 3%～4%，可将热电阻式传感器分为金属热电阻传感器和半导体热敏电阻传感器。

1. 金属热电阻传感器

金属热电阻传感器简称为热电阻，灵敏度高、易于连续测量，可以远传，稳定性高，互换性好，可以作为基准仪表。主要缺点是需要直流电桥，有自热现象，测量温度不能太高。图 2.38 为热电阻结构示意图。

热电阻的电阻率与温度的关系为

$$R_t = R_0[1 + \alpha(t - t_0)] \tag{2-66}$$

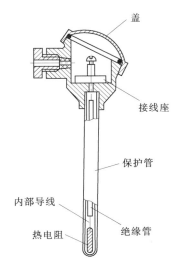

图 2.38　热电阻结构示意图

式中　R_0——温度为 t_0 时的电阻值；

　　　R_t——温度为 t 时的电阻值；

　　　α——电阻温度系数。

目前使用最广泛的热电阻金属材料是铂和铜。铂热电阻主要作为标准电阻温度计，铂电阻的精度与铂的提纯程度有关。铂的纯度用铂电阻在 100℃ 的电阻值与 0℃ 时的电阻值之比来表示。比值越大，纯度越高。一般工业用的铂热电阻应大于 1.3850。铂热电阻的线性稍差，测温范围在 $-259.35\sim961.78$℃，但是稳定性和复现性好，所以被广泛应用于温度基准、标准的传递。

铜热电阻的电阻值与温度几乎是线性的，电阻温度系数比较大，适合测量精度要求不高的场合，测量范围为 $-50\sim150$℃。铜电阻的缺点是铜的电阻率较小，所以要制造一定电阻值的铜电阻时其体积较大。另外，在测量温度超过 100℃ 时，铜电阻容易发生氧化，一般只用于 150℃ 以下的低温测量和没有水分及无侵蚀性介质的温度测量。

2. 半导体热敏电阻传感器

半导体热敏电阻传感器称为热敏电阻。热敏电阻一般由金属氧化物按一定比例混合烧制而成，结构如图 2.39 所示。

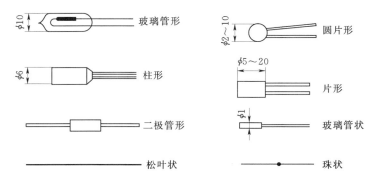

图 2.39　热敏电阻结构型式

它与热电阻相比具有负的温度系数，即随温度上升而其电阻值下降。根据半导体理论，热敏电阻的阻值与温度的关系在一定工作温度范围内可表示为

$$R_T = R_0 e^{B\left(\frac{1}{T}-\frac{1}{T_0}\right)} \tag{2-67}$$

式中　T——被测温度；

　　　T_0——参考温度；

　R_T、R_0——温度为 T、T_0 时的热敏电阻值；

　　　B——热敏电阻材料常数，一般为 $2000\sim6000$K，其大小取决于热敏电阻的材料。

除了材料常数外，表征热敏电阻材料性能的另外一个重要参数是热敏电阻的电阻温度系数 α，即热敏电阻在其本身温度变化 1℃ 时电阻值的相对变化量，计算为

$$\alpha = \frac{1}{R_T} \frac{dR_T}{dT} = -\frac{B}{T^2} \qquad (2-68)$$

可见，α 与绝对温度 T 的平方成反比，随温度降低而迅速增大，可能出现负值。热敏电阻的电阻温度系数比金属丝的电阻温度系数高很多，所以灵敏度很高。

热敏电阻与热电阻相比，热敏电阻的温度系数是热电阻的 5～10 倍，分辨率更高；可制成片状、粒状，直径可小至 0.5mm，体积小，热惯性小，适于测量点温、表面温度及快速变化的温度；元件本身电阻值很大，连接导线电阻变化的影响可忽略；结构简单、机械性能好。但是热敏电阻线性度较差，复现性和互换性较差。

2.8.1.2 热电偶式传感器

热电偶温度传感器的工作原理是热电效应。所谓热电效应，指两种导体连接成一个闭合回路，一个接点置于被测温度 T 处，另一个接点恒定于某一参考温度 T_0，当两接点的温度不同时，在闭合回路中会产生电动势。热电效应是热电转化的一种现象，热电效应产生的电动势称热电势，它由两部分组成，即接触电势和温差电势。

1. 接触电势

两种不同的金属互相接触时，由于不同金属内自由电子的密度不同，在两金属 A 和 B 的接触点处会发生自由电子的扩散现象。自由电子将从密度大的金属 A 扩散到密度小的金属 B，使 A 失去电子带正电，B 得到电子带负电，从而产生热电势。该电势将阻碍电子进一步扩散，当电子扩散能力和电势阻力相等时，扩散达到平衡，AB 间建立了一个稳定的接触电势。接触电势的大小与两导体材料性质和温度有关，与导体的形状和尺寸无关，具体可以表达为

$$e_{AB}(T) = \frac{kT}{e} \ln \frac{N_A}{N_B} \qquad (2-69)$$

式中　k——玻耳兹曼常数；

　　　T——接触面的绝对温度；

　　　e——单位电荷量；

　　N_A——金属电极 A 的自由电子密度；

　　N_B——金属电极 B 的自由电子密度。

2. 温差电势

一根两端温度不同的导体，由于高温端的电子能量大于低温端的电子能量，导致高温端的自由电子跑向低温端，从而高温端带正电，低温端带负电，在导体两端便形成电位差，称为温差电势。该电势阻碍电子从高温端跑向低温端，直至动平衡，此时温差电势达到稳态值。温差电势的大小与导体材料和导体两端温度有关。当导体 A、B 两端温度分别为 T 和 T_0，且 $T > T_0$，A、B 导体温差电势分别为

$$e_A(T, T_0) = \int_{T_0}^{T} \delta dT \qquad (2-70)$$

式中　δ——汤姆逊系数，它表示温度为 1℃时所产生的电动势值，与材料的性质有关。

3. 热电偶回路的总热电势

由导体 A、B 连接的闭合回路如图 2.40 所示，则总电势可用式（2-71）表示。

$$E_{AB}(T, T_0) = e_{AB}(T) - e_A(T, T_0) - e_{AB}(T_0) + e_B(T, T_0)$$

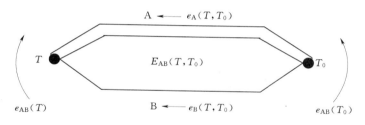

图 2.40　热电偶回路总热电势

$$= \left[e_{AB}(T) - e_{AB}(T_0)\right] - \left[e_A(T, T_0) - e_B(T, T_0)\right]$$

$$= \frac{kT}{e}\ln\frac{N_A(T)}{N_B(T)} - \frac{kT_0}{e}\ln\frac{N_A(T_0)}{N_B(T_0)} - \int_{T_0}^{T}(\delta_A - \delta_B)\mathrm{d}t$$

$$= \left[e_{AB}(T) - \int_{0}^{T}(\delta_A - \delta_B)\mathrm{d}t\right] - \left[e_{AB}(T_0) - \int_{T}^{T_0}(\delta_A - \delta_B)\mathrm{d}t\right]$$

$$= f(T) - f(T_0) \tag{2-71}$$

　　热电势是 T 和 T_0 的温度函数的差,而不是温度的函数。当热电偶低端温度不变时,可用测量到的热电势 E 来确定被测的温度值。热电偶热电势的大小,只与导体 A 和 B 的材料及冷热端的温度有关,与导体的粗细长短及接触面积无关。

　　按热电偶材料,可分为标准热电偶和非标准热电偶两大类。标准热电偶是指国家标准规定了其热电势与温度的关系、容许误差,并有统一的标准分度表的热电偶,它有与其配套的显示仪表可供选用。非标准化热电偶在使用范围或数量级上均不及标准化热电偶,一般也没有统一的分度表,主要用于某些特殊场合的测量。按照国际计量委员会规定的《1990 年国际温标》的标准,规定了 S、R、B、K、N、E、J、T 八种标准化热电偶为我国统一设计型热电偶。几种常见的电偶材料如表 2.3 所示。

表 2.3　　　　　　　　　　　　　常用的电偶材料及性能指标

热偶名称	适用温度（1 型）	容许误差
铜-铜镍	−40～350℃	0.5℃
镍铬-铜镍	−40～800℃	1.5℃
铁-铜镍	−40～750℃	1.5℃
铂铑-铂	0～1100℃	1.5℃

2.8.2　非接触式热电传感器

　　非接触式测温方法是基于物体的热辐射能量随温度的变化而变化的原理。物体辐射能量的大小与温度有关,当选择合适的接收检测装置时,便可测得被测对象发出的热辐射能量并且转换成可测量和显示的各种信号,实现温度的测量。这类测温方法的温度传感器主要有光电高温传感器、红外辐射温度传感器、光纤高温传感器等,测量范围为 $600\sim6000℃$。

2.8.3　应用注意事项

　　选择温度传感器比选择其他类型的传感器所需要考虑的内容更多。首先,必须选择传感器的结构，使敏感元件在规定的测量时间之内达到所测流体或被测表面的温度。温度传感器的输出仅仅是敏感元件的温度。实际上，要确保传感器指示的温度即为所测对象的温度，常常是很困难的。在大多数情况下，对温度传感器的选用，需考虑以下几个方面的问题：

（1）被测对象的温度是否需记录、报警和自动控制，是否需要远距离测量和传送。

（2）测温范围的大小和精度要求。

（3）测温元件大小是否适当。

（4）在被测对象温度随时间变化的场合，测温元件的滞后能否适应测温要求。

（5）被测对象的环境条件对测温元件是否有损害。

（6）价格如何，使用是否方便。

第3章 水力机组状态监测技术

水力机组状态监测技术是指利用监测设备和评估手段，对水力机组的状态进行监测，实时了解机组的运行参数、当前工作状况，对机组运行状态进行评估，并及时发现故障隐患，对异常状态报警，为机组的故障分析、性能评估、安全工作提供信息和准备基础数据。

目前，水力机组监测系统应该具备的基本功能包括：通过监测机组各部位的振动、摆度、抬机量和压力脉动分析诊断机组运行稳定性；通过监测机组各部位温度、液位、流量等分析诊断机组部件过热、介质泄漏等故障；通过监测机组有关电量、非电量分析机组效率；通过监测机组有关电量、非电量对开机、停机、系统振荡、事故等动态过程进行分析；通过监测机组有关电量、非电量分析诊断转轮和导水机构空蚀、磨损、裂纹等。

3.1 稳定性监测

水力机组是水电站的关键设备，不但影响到水电站的安全经济运行，而且直接影响到电网的稳定和经济效益。随着我国水电事业的迅速发展，水力机组的数量和容量都大幅度增加，机组设计、制造、安装和运行中异常故障时有发生。20世纪90年代以来投产的国产或进口的水力机组先后出现了不同程度的不稳定性问题，例如，我国岩滩、五强溪、隔河岩、二滩等，以及近年来投产的棉花滩、大朝山等水电站，国外巴基斯坦的塔贝拉电站、美国的库拉瀑布水电站等，严重影响了电网的稳定运行。因此实现水力机组的稳定性监测对后期的水力机组故障诊断具有重要的意义。

水力机组的稳定性有三个表征参数：一是轴系摆度；二是固定部件振动；三是过流部件的压力脉动。从整个水力机组监测诊断角度考虑，除了上述3个特征外，对于巨型水力机组，还应考虑发电机电磁振动有关参数和推力轴承运行参数等，以便对整个机组稳定性进行分析诊断。因此，水力机组的稳定性监测包括导轴承及转子轴系状态、过流部件水力稳定性、水力机组固定部件振动、推力轴承运行稳定性、发电机电磁振动和水力机组噪声监测等。其中前三项为稳定性监测最基本的监测内容。

目前大中型水电站基本上都配备了主机稳定性监测系统，其中振摆监测系统的应用最为广泛。比较成熟的稳定性监测系统主要有北京华科同安监控技术有限公司开发的TN8000水轮机组状态监测系统、华中科技大学水力机械实验室开发的HSJ动态在线监测性能试验系统、深圳创为实公司开发的S8000水轮发电机组在线状态监测分析系统和北京中水科水电科技开发有限公司开发的HM9000水力机组状态监测综合分析系统以及一些国外机组自带（瑞士Vibro-Meter系统）的监测系统等。

3.1.1 水力机组固定部件振动监测

振动监测点的布置是获取机组运行状态信号的重要环节，直接影响到监测系统的真实性和准确性。监测点太少不能完全反映机组的运行状态，而监测点过多，将增加设备成本，使得系统复杂化，不利于机组的状态监测。所以应该以能够捕捉到故障信息为前提，合理选择最有代表性、最能够反映机组运行状态的监测点。此外，机组固定部件振动监测一般测量三个方向，即水平方向、垂直方向和轴向，通常用 x、y、z 表示。这是因为不同的故障在不同的测量方向上反映不同。例如，转子不平衡、不对中时最大振动量出现在水平方向，推力轴承故障和机组的结构振动故障在轴向振动反映较强。

对于不同机型的振动监测测点布置略有不同，具体如下：

（1）立式混流式、混流可逆式机组。分别在上机架、下机架和顶盖处，设置 2 个水平振动测点、1～2 个垂直振动测点，水平振动测点应互成 90°，非承重机架不设置垂直振动测点。容量为 300MW 及以上常规机组及容量为 150MW 及以上的混流可逆式机组水轮机顶盖建议设置 2 个垂直振动测点。定子机座应设置 1 个水平、1 个垂直振动测点，水平振动测点应设置在机座外壁相应定子铁芯高度 2/3 处，垂直振动测点应设置在定子机座上，容量为 300MW 及以上常规机组及容量为 150MW 及以上的混流可逆式机组的定子机座可设置 2 个水平振动测点。

（2）立式轴流式机组。分别在上机架、下机架和顶盖处，设置 2 个水平振动测点、1～2 个垂直振动测点，水平测点应互成 90°；非承重机架不设置垂直振动测点。定子机座应设置 1 个水平、1 个垂直振动测点，容量为 150（125）MW 及以上机组的定子机座可设置 2 个水平振动测点。

（3）灯泡贯流式机组。分别在组合轴承和水导轴承处设置 1 个径向、1 个轴向振动测点，有条件时可在灯泡体上设置 1～2 个径向振动测点，也可在转轮室设置振动测点。建议测点为机组上机架、下机架的垂直和水平振动；推力轴承支座垂直与水平振动；顶盖水平与垂直振动；发电机定子外壳与垂直振动等。

除上述测点布置外，根据需要还可安排测点测量如钢管、伸缩节进水阀壳或支架基础等部件的垂直、水平振动。

对于水力机组振动测量的传感器有加速度传感器和速度传感器两种。由于发电机定子铁芯的振动频率较高，使用加速度传感器；而机架和顶盖振动的频率很低，振动加速度很小，因此对机架和顶盖振动的测量采用频响下限较低的低频惯性式速度传感器。惯性式速度传感器是一种磁电式传感器，不需要外接电源，在传感器壳体中刚性地固定着磁铁，惯性线圈组件用弹簧元件悬挂于壳体上。测量时将传感器固定于被测机组部件上，在机组振动时，线圈与磁铁相对运动、切割磁力线，在线圈内产生感应电压，该电压信号正比于被测物体的振动速度值，对该信号进行积分放大处理即可得到位移信号。

低频惯性式速度传感器灵敏度高、工作频率范围广，能输出较强的信号，不受电磁场的干扰，信噪比高。这种传感器测量的振动是相对于地面的绝对振动。但惯性式速度传感器由于其工作原理只能检测水平或垂直振动信号，在遇到垂直冲击振动和低频晃动（如机组开机的冲击或晃动）时，其输出信号会产生畸变，出现低频振荡。因此传感器安装时要合理选择安装位置，测量机架振动和顶盖振动的传感器，要与同部位的摆度测量传感器安装在同一支架上，以得到绝对振动和相对振动的相关性。此外，采用 0.5Hz 的数字低阻滤波器抑制低频干扰信号，避免采用位移积分电路而采用稳定的软件数值积分算法将输出的速度信号转化为位移信号。

3.1.2 导轴承及转子轴系状态监测

导轴承及转子轴系状态监测主要包括水力机组轴系运行和轴承运行状态监测。轴承运行状态监测包括监测轴承油盆进出口油温、油位、导轴承瓦瓦温以及冷却器水进出口水压、水温等。轴系运行监测，即主轴摆度监测，比机架振动监测更能准确反映机械故障。这是因为油膜轴承有较大的间隙，导致摆度监测的相对振动与机架监测的绝对振动有明显的差别。因此对水力机组来说，以监测主轴摆度为主，以监测机架及定子的振动为辅。

主轴摆度的测点布置根据机组类型略有不同，具体如下：

（1）立式混流式、混流可逆式机组，分别在机组的上导、下导和水导轴承的径向设置互成 90°的 2 个摆度测点，3 组测点方位应相同。

（2）立式轴流式机组，分别在机组的上导轴承或受油器、下导和水导轴承的径向设置互成 90°的 2 个摆度测点，3 组测点方位应相同。

（3）灯泡贯流式机组，分别在组合轴承和水导轴承的径向设置互成 90°的 2 个摆度测点，与垂直中心线左右成 45°安装。有条件的可在发电机导轴承或集电环上设置同样的测点。

由于水力机组的主轴表面具有切向线速度，采用接触式传感器难以测量，因此通常采用非接触式的电涡流位移传感器进行主轴摆度的监测。电涡流传感器是电感式传感器的一种，原理是依靠探头线圈产生的高频电磁场在被测表面感应出电涡流和由此引起的线圈阻抗的变化来反映探头与主轴的距离。电涡流传感器避免了与主轴表面的直接接触，适合于测量主轴与传感器的相对位移。

测量主轴摆度时将电涡流传感器固定在机架上，探头对着主轴安装。根据我国电力行业标准《水轮发电机组振动监测装置设置导则》（DL/T 556—1994）的要求，测量每个导轴承的水平摆度时，正交布置两个电涡流传感器，如图 3.1 所示。主轴在三个轴承处的轴心轨迹相连可得到主轴的空间轴心轨迹，用于分析导轴承的运行状态。

测量摆度的涡流传感器可以由现场率定获得较高的精度，进口和国产涡流传感器质量均已满足测试监测要求。安装时应注意平均间隙的选取，为了保证测量的准确性，要求平均间隙加上振动间隙在线性段以内。否则，在非线性段的灵敏度变化将带来测量的误差和波形失真。一般将平均间隙选在线性段的中点，这样在平均

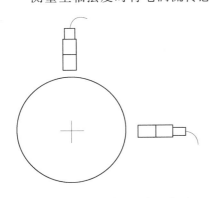

图 3.1 位移传感器安装示意图

间隙两端容许有较大的动态振幅。此外，传感器端部附近不能有其他导体与之靠近，否则导致传感器端部的磁通链有一部分从其他导体中通过，不能如实反映间隙变化的输出。另

一方面，还要考虑被测转子的材料特性和环境温度对测量的影响，安装位置尽量避开励磁引线等电磁干扰较强的环境。如果安装位置在油中，要采取延长电缆和防腐措施。

3.1.3 过流部件水力稳定性监测

水力机组的水力稳定性对机组的安全运行影响很大，其水力稳定性特征参数指水力机组过流部件的压力和压力脉动。所谓压力脉动，即指压力随时间变化的量值与其平均值相比，时大时小交替变化的现象。对水轮机而言，流场的压力脉动周期性的作用在流道壁面和转轮上，引起结构和部件的振动。压力脉动过大时会引起水轮机和厂房结构振动、叶片裂纹和断裂、机组运行不稳定和轴承损坏，当压力为负压时，可能造成空化和空蚀，并伴随较强烈的噪音。《水轮机基本技术条件》（GB/T 15468—2006）规定，原型水轮机在所规定的稳定运行工况范围内，混流式水轮机尾水管内的压力脉动值（双幅混频值）可采取除强迫补气之外的其他措施，应不大于相应水头的 3%～11%，高水头取小值，低水头取大值。以尾水管涡带引起的压力脉动为例，涡带以低于水轮机转速的频率在尾水管中旋转，其中心的真空带周期性地冲击尾水管管壁，引起基础、顶盖、轴承振动和轴摆动，发出噪音，甚至产生空蚀。我国近年来建造的大型水电站，对水轮机的尾水管压力脉动保证值都作出了明确规定。例如，长江三峡水利枢纽为 7%，天生桥水电站为 3%，五强溪水电站为 5%。

监测过流部件水力稳定性，一可以了解水力激振对机组稳定性的影响，如通过尾水管进口压力脉动可以监测涡带的形成，找到诱发压力脉动的原因，进而分析涡带对机组振动摆度的影响；二是通过压力脉动反映过流部件的损伤，预测部件的寿命和安全状态，为机组大修决策提供依据。

根据《水力机械振动和脉动现场测试规程》（GB/T 17189—2007），压力脉动监测部位有：蜗壳进口断面处 1 个蜗壳压力测点；主轴轴线附近处 2 个正交布置的顶盖压力脉动测点；尾水管进口断面以下 （0.5～1.0） 倍转轮直径的下游侧布置 1 个或上下游处布置 2 个尾水管压力脉动测点；轴流式机组导叶前后或混流式机组导叶后布置 1 个测点；转轮上下迷宫环处各正交布置 2 个测点。

由于水轮机压力脉动的测试位置潮湿，压力脉动的测量采用压电式压力传感器。压电式压力传感器是一种有源传感器，主要由弹性敏感元件（膜片）、压电转换元件和壳体组成。它利用压电材料的压电效应为基础工作，当外力通过膜片传递到压电材料上，在压电材料的弹性限度内，其表面产生的电荷与施加的压力成正比。这种传感器输出的平均值为压力，交流值为压力脉动。

由于外力作用在压电元件上产生的电荷只有在无泄漏的情况下才能保存，即需要测量回路具有无限大的输入阻抗，这实际上是不可能的，因此压电式压力传感器不能用于静态测量。相反，压电元件在交变力的作用下，电荷可以不断补充，可供给测量回路以一定的电流，所以它适用于动态测量。并且压电式压力传感器的动态测量范围很宽、频响特性好、灵敏度高，能测量准静态的压力和高频变化的动态压力。为提高精确度，一般要求压电转换的滞后时间要小于 3ms。

压力传感器的线性频率范围应能涵盖压力脉动信号的所有频率；压力量程应能满足被

测流道中可能出现的最高压力和负压，如装于钢管和蜗壳的传感器应能承受最高水头和最大水锤压力之和，装于尾水管的传感器则应能在负压状态下正常工作；要求所选用的压力变送器具有良好的动态特性，传感器的幅值响应非线性偏差应不超过其满量程的±1%。

压力脉动传感器要尽可能安装在测试点附近，以减少水体的可压缩性及压力脉动信号在该段管道的衰减，避免测量信号和实际信号相比产生衰减、滤波和滞后。同时要在测量管路中安装排气阀门，减少因空气的可压缩性造成压力脉动降低和滞后。

3.1.4 键相监测

键相信号是稳定性监测系统中不可或缺的关键部分，可用来判断机组转速和实现整周期采样。因为机组在运行过程中，振动和转速之间有着密切的关系。将键相信号与振动信号叠加，可以确定振动的相位角，分析振动信号幅值、相角与转速之间的相互联系，实现轴的动平衡分析和机组的故障诊断。

键相测量最准确可靠的方法是标准脉冲测相法。该方法通过在被测轴上设置一个凹槽或凸键，称键相标记，并在相应的位置安装一个电涡流传感器，如图3.2所示。当电涡流传感器的探头探到这个凹槽或凸键位置时，探头与被测面间距突变，传感器会产生一个脉冲信号，轴每转一圈，就会产生一个脉冲信号，这一脉冲信号通过信号处理向测量系统发出一中断信号，即键相信号。脉冲信号产生的时刻表明了轴在每转周期中的位置。两个脉冲之间即表示转子旋转一周，因此可通过对脉冲计数确定机组转速。

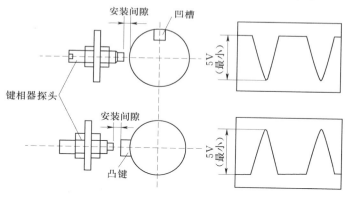

图3.2　键相信号测量

凹槽或凸键要足够大，以使产生的脉冲信号峰峰值不小于5V（API670标准要求不小于7V）。一般采用$\phi 5$、$\phi 8$探头，则这一凹槽或凸键宽度应大于7.6mm、深度或高度应大于2.5mm、长度应大于0.2mm。凹槽或凸键应平行于轴中心线，其长度尽量长，以防当轴产生轴向窜动时，探头还能对着凹槽或凸键。为了避免由于轴相位移引起的探头与被测面之间的间隙变化过大，应将键相探头安装在轴的径向，而不是轴向的位置。

当标记是凹槽时，安装探头要对着轴的完整部分调整初始安装间隙，而不能对着凹槽来调整初始安装间隙。而当标记是凸键时，探头一定要对着凸起的顶部表面调整初始安装间隙，不能对着轴的其他完整表面进行调整。否则当轴转动时，可能会造成凸键与探头碰撞，剪断探头。

3.2 效率监测

水轮机效率监测是水力机组监测的主要内容之一。水轮机的效率指水轮机轴功率与水流功率之比。由于测量水轮机轴功率难度较大，故通常采用测量发电机的输出功率，先计算出水力机组总效率后，再根据已知的发电机效率，通过公示换算求出水轮机的效率。具体计算公式如式（3-1）所示。

$$\eta_t = \frac{\eta_u}{\eta_g} = \frac{N_g}{N_{TO}\eta_g} = \frac{N_g}{9.81QH\eta_g} \qquad (3-1)$$

式中 η_u、η_g、η_t——机组效率、发电机效率和水轮机效率；

         N_g、N_{TO}——发电机输出功率和水轮机输入功率；

         H——机组净水头；

         Q——水轮机流量。

由式（3-1）可知，要测量水轮机的效率，就必须测得水轮机的流量、水轮机的工作水头、发电机的有功功率三个参数。

3.2.1 流量监测

流量监测的方法很多，包括流速仪法、水锤法、示踪法、超声波法、蜗壳压差法、热力学法、相对法和堰测法、毕托管法等。目前，较为成熟，在水电站普遍应用的是蜗壳差压法和超声波法。

1. 蜗壳差压法

蜗壳差压法是测量流量最简单而且应用最广泛的方法。当水流通过截面变化的流道时，其动能和压能会互相转换产生压力差；当水流通过弯道时，动量发生变化也会产生压力差；水体在流动过程中由于摩阻的作用，在不同断面和部位之间同样产生压力差。这些压力差与通过截面的流量存在一定的函数关系，只要测出压力差就可以求出流量，如图3.3所示。

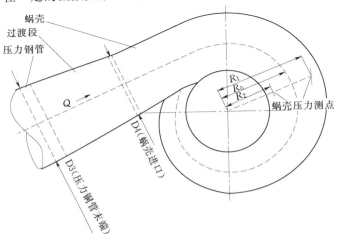

图 3.3   压力钢管与蜗壳压力测量断面

在蜗壳某一横断面上取 3 个蜗壳压力测点。根据蜗壳设计理论，假设蜗壳中水流没有损失，则水流在蜗壳中的流动符合等速度矩规律，即蜗壳常数 $C = V_0 \times R_0 = V_1 \times R_1 = V_2 \times R_2$，其中，$V_0$、$R_0$，$V_1$、$R_1$，$V_2$、$R_2$ 分别是蜗壳测压断面中心、外侧和内侧测点的流速及其与机组中心线的距离。

假设水流在圆周方向通过导叶均匀流入转轮，不计局部损失，根据伯努利方程得到

$$\Delta p = \frac{\gamma(V_2^2 - V_1^2)}{2g} \tag{3-2}$$

$$V_0 = \frac{Q_C}{A} \tag{3-3}$$

$$Q_C = \frac{360 - \theta}{360} Q \tag{3-4}$$

式中　A——测压断面面积；

　　　Q_C——通过该测压断面的流量；

　　　θ——测压断面到蜗壳终止点的包角；

　　　γ、g——物理常数；

　　　Q——过机流量；

　　　Δp——内外测点之间的压力差。

则

$$Q = K_{\text{蜗}} \sqrt{\Delta p} \tag{3-5}$$

其中

$$K_{\text{蜗}} = \frac{360A}{(360-\theta)R_0} \sqrt{\frac{2g}{\gamma\left(\dfrac{1}{R_2^2} - \dfrac{1}{R_1^2}\right)}}$$

从式（3-5）可知，若已知测压断面中心及内、外测点与机组中心的距离，断面包角，断面通流面积，则蜗壳流量系数 $K_{\text{蜗}}$ 为一定值。在蜗壳制造、安装阶段，尺寸精度要求并不高，真机与图纸尺寸存在差异。这种差异每台机都不同，且因现场条件限制难以准确测量。因此，蜗壳差压法测量流量最大困难在于蜗壳流量系数不易精确率定。目前多通过在机组效率试验中采取测流精度高的方法确定各试验工况的准确流量值，同时测量对应各工况点的蜗壳差压值，采用对比试验的方法进行率定。有了具体的蜗壳流量系数后，就可以实时监测机组流量。

2. 超声波法

当超声波在流体中传播时，载有流体流速的信息。因此，根据对接收到的超声波信号进行分析计算，可以检测到流体的流速，进而可以得到流量值。超声波流量测量方法有很多，常用的有传播速度差方法、多普勒法、声束偏位法和噪声法等。其中传播速度差法的测量精度较高，且受外来干扰小，使用方便，在水电站流量测量中应用最为广泛。

传播速度差法的基本原理为：测量超声波脉冲在顺流和逆流传播过程中的速度之差来得到被测流体的流速。根据测量的物理量的不同，可以分为时差法（测量超声波在顺流、逆流传播中的时间差）、相差法（测量超声波在顺流、逆流中传播的相位差）、频差法（测量超声波在顺流、逆流传播中超声脉冲的循环频率差）。在实际应用中多采用时差法。图 3.4 为时差法超声波流量计示意图。

在上游、下游分别布置两只换能器 P_1 和 P_2，其间距为 l。在水流的作用下，声波沿

正向传播所经历的时间为 t_2，逆向传播所经历的时间为 t_1，可用式（3-6）表示。

$$t_2 = \frac{l}{C + v\cos\theta} \tag{3-6}$$

$$t_1 = \frac{l}{C - v\cos\theta}$$

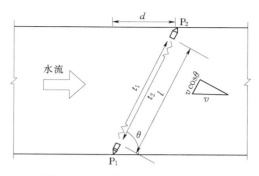

图 3.4　超声波流量计原理示意图

式中　C——超声波在该流体静止时的声速；

　　　v——流体平均速度；

　　　θ——声道与流体流向存在的夹角。

由式（3-6）可知，

$$v = \frac{1}{2\cos\theta}\left(\frac{1}{t_2} - \frac{1}{t_1}\right) = \frac{l\Delta t}{2t_1 t_2 \cos\theta} \tag{3-7}$$

可见，流速由 l、t_1、t_2 确定。知道流速后，再通过数值积分求出瞬时流量。

超声流量计的最大优点是仪表装在管道外，不破坏管道，无需现场率定即可使用。但超声波流量计由于价格昂贵，只适用于大型水利水电工程。三峡右岸电厂首台发电的 22 号机组就选用了多声路超声波测流技术。大口径多声路超声波技术以其精度高、无扰流、可在线测量绝对精度等独特的优点，被列入《水轮机、蓄能泵和水泵水轮机水力性能现场验收试验规程》（GB/T 20043—2005）中，在水力机组流量测量上广为使用。

3.2.2　工作水头监测

水轮机的工作水头即真正作用于水轮机工作轮使其作功的全部水头，其数值等于水轮机进出口水流的总能量之差。

对反击式水轮机而言，工作水头用式（3-8）表达为

$$H = (Z_1 + a_1 - Z_2) + 100p_1 + \frac{v_1^2 - v_2^2}{2g} \tag{3-8}$$

式中　Z_1——蜗壳进口断面测点高程；

　　　a_1——测压仪表到测点的距离；

　　　Z_2——尾水位高程；

　　　p_1——压力表读数；

　　　v_1、v_2——蜗壳进口与尾水管出口流速；

　　　g——重力加速度。

对单喷嘴冲击式水轮机而言，工作水头为

$$H = (Z_1 + a_1 - Z_3) + 100p_1 + \frac{v_1^2}{2g} \tag{3-9}$$

式中　Z_3——射流中心与转轮节圆切点的高程。

对双喷嘴冲击式水轮机而言，工作水头为

$$H = \frac{Q_1}{Q_1 + Q_2}(Z_1 + a_1 - Z_{21}) + \frac{Q_2}{Q_1 + Q_2}(Z_1 + a_1 - Z_{22}) + 100p_1 + \frac{v_1^2}{2g} \tag{3-10}$$

式中　Q_1、Q_2——两喷嘴的流量；

Z_{21}、Z_{22}——两喷嘴射流中心与转轮节圆切点的高程。

从式（3-8）～式（3-10）可以看出，水轮机的工作水头一般由位置水头、压力水头和速度水头三部分组成。通常 Z_1、Z_2 为位置水头，Z_1 为固定值，Z_2 可通过流量与尾水位的关系曲线查询。速度水头由机组过流量和蜗壳进口与尾水管出口测压断面面积计算可得，当电站水头较高时，可忽略不计，当电站水头较低时，不可忽略。p_1 为压力水头，比重较大，需进行专门的直接测量。

压力水头通常有两种测量方法。

（1）用压力表或压力变送器直接测量蜗壳进口处的压力。此法未考虑尾水位的波动，精度不高。压力表多采用 Y 型普通压力表或 YB 型压力表，结构简单，价格低廉，量程较宽，也可采用 U 型压力计，其量值较精确。

（2）用差压计或差压变送器测量蜗壳进口与尾水管出口处的压力差，该法精度较高。多采用美国 Rosemount1151 型差压计，有时也可采用双管式 U 型差压计，安装如图 3.5 所示。该方法结构简单，制造容易，精度较高。当压差较大时，为了不增加 U 型管高度，可将多个 U 型差压计串联使用。

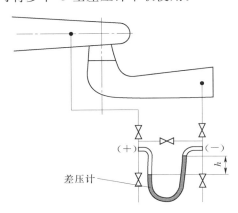

图 3.5　水轮机工作水头测量示意图

压力水头测量仪表的安装应该注意安装在便于操作、读数的地方，周围环境温度应在－30～60℃范围内，相对湿度不得超过 85％；仪表按水平位置安装；到测点的导压管长度不宜过长，避免反应时间延滞；测量仪表前应设置稳压筒，以消除压力波动的影响；当水流泥沙含量大时，还需增加沉淀或隔离装置。

选择测量仪表需注意量程范围，要超过测点可能承受的最大压力，并以此作为被测压力的最大值。压力表的量程上限在稳定负荷下，应不超过仪表满量程的 3/4；波动负荷下，不超过仪表满量程的 2/3。同时，应尽量满足被测压力的最小值不低于仪表满量程的 1/3，确保测量仪表工作在线性段，提高测量精度。差压计或压力、压差变送器，全量程内线性度较高，且一般都有过载保护装置，在超压情况下不致引起仪表损坏，故可按被测压力最大值选择仪表量程上限。

3.2.3　发电机有功功率的测定

发电机功率的测量要遵循三个条件：测量必须与水轮机试验相同情况下测定，与水轮机和水电站各参数同时采集；发电机必须在额定电压、额定转速运行情况下进行全过程各工况点试验；发电机的功率因数在试验中要一致。

发电机的有功功率，应在流量测定的同时进行。测量 N_g 的位置，应尽量在发电机出线端，如不可能，则要计及出线端到实测位置的线路损失。一般不采用平时运行时在机旁盘或中控室的瓦特表上的记录读数，因为误差较大。

水轮发电机容量大、电压高，进行三相有功测量时，功率表计不能直接接在母线上，而是通过电压互感器和电流互感器进行三相有功功率的测定。效率试验时，常用三相瓦特表法或两相瓦特表法。如果发电机的中性线引出并与电网联结或者接地，则用三相功率表测量；如果发电机的中性线引出但不与电网联结或者试验时不接地，则可用三相功率表，也可用两相功率表测量；如果发电机中性线不引出，则只能用两相功率表测量。水力机组通常采用双瓦特表法测量发电机有功功率。瓦特表的精度不低于 0.2 级。接线方式如图 3.6 所示。

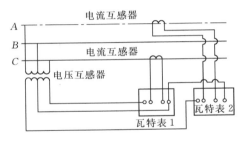

图 3.6　双瓦特表接线图

发电机有功功率可计算为

$$N_g = \frac{CK_1 K_V (W_1 + W_2)}{1000(1 + \varepsilon_p)} \tag{3-11}$$

式中　C——瓦特表刻度常数；

K_1、K_V——电流互感器与电压互感器的变比系数；

ε_p——互感器的综合误差，包括比差和角差；

W_1、W_2——瓦特表 1 和瓦特表 2 的读数。

应该指出，在接线方法完全正确的条件下，会出现以下三种情形。

（1）两只瓦特表指针偏转同一方向。

（2）两只瓦特表指针偏转方向相反。

（3）一只瓦特表没有读数，另一只瓦特表有读数。

这些现象是由于各相电流与电压间的相角 φ 大小不同所致。当 $\varphi < 90°$ 时，瓦特表指针向正方偏转读数为正值；当 $\varphi = 90°$ 时，瓦特表指针不偏转，读数为零；当 $\varphi > 90°$ 时，瓦特表指针向反方向偏转，这时为了能测取这个负值功率，必须将瓦特表的电流电路改变接点。其读数为负值，计算时应以负值代入式（3-11）计算；当一只瓦特表读数为零时，应将零值代入上式，这时另一只瓦特表的读数就代表三相有功功率值。

3.2.4　效率计算

水轮机的效率特性曲线是在水头为定值的条件下绘制的，而且也只有在同一水头下才有相互比较的基础。但在试验进行过程中，由于上游、下游水位波动和引水道在通过不同流量时所引起的水头损失不同，使各测次的水轮机工作水头不能保持为定值。因此为了绘制效率特性曲线，必须将各不同开度下实测的流量和功率换算成平均试验水头下的流量和功率。公式为

$$N_g = N_g' \left(\frac{\overline{H_t}}{H_t}\right)^{3/2} \tag{3-12}$$

$$Q = Q' \left(\frac{\overline{H_t}}{H_t}\right)^{1/2}$$

式中　$\overline{H_t}$——额定转速下各工况实测水轮机工作水头的算术平均值；

H_t——对应工况下的水轮机工作水头；

Q——换算至平均工作水头工况下的水轮机流量；

N_g——换算至平均工作水头工况下的发电机有功功率值；

N'_g——发电机有功功率实测值；

Q'——水轮机流量实测值。

应该指出，在上述的换算中，水轮机效率假定不变，因此仅在实测水头与平均试验水头相差不超过±2％时才允许这样换算。因为实测水头与平均试验水头越接近，换算的误差越小。在现场试验中，通常选用设计水头作为平均试验水头。

3.3 空化空蚀监测

在水轮机中，当水流过过流部件时，由于绕流叶片局部脱流、水流急剧拐弯等原因，在相应的部位都会引起流速过大而使压力降低。如果压力降低到该温度下的空化压力时，一方面由于水的空化产生了水蒸气的气泡；另一方面水中溶解的一部分空气也会随着压力降低而被释放出来，这样就形成了水蒸气和空气混合的膨胀空泡。这些膨胀的空泡如果被水流带到高压区，空泡中的水蒸气会凝结成水珠，体积突然缩小，于是周围的高压水流质点就高速的向气泡中心冲击，产生巨大的微观水锤压力，有时可以达到几百个大气压力。在微观水锤压力的作用下，空泡中的空气被压缩（或者被破裂为数个小气泡），直到大气的弹性压力大于水锤压力时，才停止压缩，紧接着空泡由于反作用力而瞬间膨胀，又会发育成新的空泡。空化发生时，液体对于固体边壁所形成的损伤破坏，则被称为空蚀。空蚀是一个缓慢的连续过程，是由于空泡溃灭时产生的巨大压力冲击的结果。

空化空蚀在大、中、小水轮机组都有不同程度的存在。空化空蚀将造成机组效率降低、振动和噪声加强，严重时使机组不能正常运行，严重影响了水轮机的工作性能、使用寿命和检修周期，是水电站安全、经济、高效运行的主要障碍。因此为了实现机组状态检修，开展水轮机空化空蚀监测势在必行。

3.3.1 空蚀类型及产生的原因

水轮机产生空蚀的原因比较复杂，主要因素有流动边界形状、绝对压强和流速等，此外，水流黏性、表面张力、空化特性、水中杂质、边壁表面条件和所受的压力梯度等也有一定影响。概括来讲，水轮机空蚀的影响因素可以分为以下两种。

（1）不确定性因素。该因素是指人们难以估计和预测的因素，包括转轮叶片设计精度和表面光滑度、过流部件材质、水流含沙量含气量以及水流黏滞性的影响等。

（2）确定性因素。该因素是指人们可以准确测量和估计的因素，是分析水轮机空化的重要依据，如机组运行工况和运行时间。

根据发生的部位不同，空蚀可分为翼型空化和空蚀、间隙空化和空蚀、空腔空化和空蚀以及局部空化和空蚀四类。

1. 翼型空化和空蚀

翼型空化和空蚀是叶栅绕流时，在叶片背面当压力降低到空化压力时所产生的一种空蚀状态，是反击式水轮机最常见的一种空化现象。水流绕叶片流动使其正面和反面存在压差，从而使转轮获得力矩，一般叶片正面大部分为正压，叶片背面为负压。这就为空蚀的产生创造了条件，当叶片背面的压力降低到空化压力以下时，便产生空蚀。经过对国内许多水电站水轮机的调查，发现混流式水轮机的翼型空蚀主要可能发生在图3.7（a）所示的四个区域。A区为叶片背面下半部出水边；B区为叶片背面与下环靠近处；C区为下环立面内侧；D区为转轮叶片背面与上冠交界处。轴流式轮机的翼型空化和空蚀主要发生在叶背面的出水边和叶片与轮毂的连接处附近，如图3.7（b）所示。

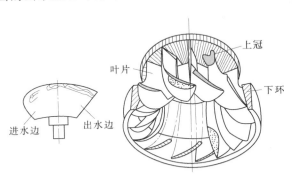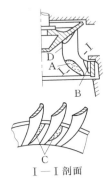

（a）轴流式转轮翼型空蚀主要部位　　　　　　　　　　（b）混流式转轮翼型空蚀主要部位

图 3.7　水轮机翼型空蚀的主要部位

翼型空化和空蚀主要是使叶片形成蜂窝状孔洞进而使叶片破坏，当影响水流的连续性时，便引起效率降低。翼型空蚀的部位、空蚀程度与翼型的几何形状和水轮机的运行工况（水头高低、流量大小、导叶开度等）有关。

2. 间隙空化和空蚀

当水流通过水轮机内突然变窄的间隙或较小的通道时，其局部流速增高导致局部压力降低，当压力降低到空化压力时就有可能产生空蚀，这种空蚀一般称为间隙空蚀。轴流式水轮机的间隙空蚀主要发生在转轮叶片外缘与转轮室的间隙处；反击式水轮机的间隙空蚀主要发生在导叶端面与顶盖底环之间、底环及导叶间，转轮上、下迷宫环的间隙处；冲击式水轮机的间隙空蚀主要发生在喷嘴和喷针之间。此外，快速闸门和蝴蝶阀在关闭状态下的间隙处，也会出现间隙空蚀。间隙空蚀范围一般不太，但破坏程度比较严重。

3. 空腔空化和空蚀

空腔空化和空蚀是反击式水轮机特有的一种漩涡空蚀现象。产生空腔空蚀的原因主要是由于水轮机在非设计工况下运行，破坏了水轮机的法向出口，产生了脱流和旋涡，再加上整个转轮出口的旋转水流，在转轮出口和尾水管进口便形成螺旋状涡带。涡带中心产生很大压降，当降到空化压力时，便产生了空腔空蚀。涡带以自身的旋转频率在尾水管内作螺旋状运动，周期性的影响尾水管内的速度场，一方面造成对尾水管壁的空蚀破坏，另一方面产生周期性的压力波动，形成强烈的噪声，甚至发生放电、闪光现象，严重时会产生空蚀共振，引起机组强烈振动，影响水轮机的稳定运行。

空腔空化和空蚀的发生一般与运行工况有关。低负荷时，空腔涡带较粗，呈螺旋形，而且自身也在旋转，这种偏心的螺旋形涡带在空间极不稳定，将发生强烈的空腔空化和空

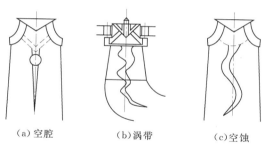

(a) 空腔   (b) 涡带   (c) 空蚀

图 3.8　空腔空蚀涡带的形状

蚀，如图 3.8（a）、图 3.8（b）所示。较大负荷时，尾水管中涡带形状呈柱状形，几乎与尾水管中心线同轴，直径较小也较为稳定，尤其在最优工况时，涡带甚至可消失。如图 3.8（c）所示。

4. 局部空化和空蚀

局部空化和空蚀主要是由于铸造和加工缺陷形成表面不平整、砂眼、气孔等所引起的局部流态突然变化而造成的。例如，转桨式水轮机的局部空化和空蚀一般发生在转轮室连接的不光滑台阶处或局部凹坑处的后方；其局部空化和空蚀还可能发生在叶片固定螺钉及密封螺钉处，这是因螺钉的凹入或突出造成的。混流式水轮机转轮上冠泄水孔后的空化和空蚀破坏，也是一种局部空化和空蚀。

3.3.2　空化空蚀监测方法

由于水轮机工作在密闭的水流环境中，在运行的状态下，要直接观测到其空化空蚀状态是不现实的，只能通过间接的测试手段监测空化空蚀发生时引起的一些外表特征信号，如机组振动信号，尤其是高频的振动信号，破裂似的噪音声压、水轮机的运行效率波动等，间接监测水轮机空化空蚀的发生、发展，实现监测水轮机空化空蚀的目的。目前实际应用监测水轮机空化空蚀的方法有声学法（含噪声法和超声波法）以及振动测试法等。

1. 噪声监测法

空化噪声监测法通过用声传感器测量流道或者尾水入孔处的空化噪声，配合示波器和频谱仪或者借助信号采集和数字信号处理技术对测试的空化噪声作波形分析和频谱分析，根据分析的特征值定性分析和判断水轮机是否发生空蚀，预估空化空蚀的相对强度，另外声音数据还可作为事后分析的参考资料。监测方法简单易行，但由于水轮机在运转过程中由于叶片的转动、尾水管涡带和撞击、设备机械摩擦和电磁振动而产生的背景噪声对传声器的干扰极大，同时一些无线电信号也会对信号产生干扰，导致通过噪声法采集得到的声信号的可用度较低，某些背景噪声信号难以分离，分析的结果偏差较大，因此，噪声法在实际电站监测中应用中受到限制。

2. 超声波监测法

有关研究表明，空泡在固体壁面溃灭时，像在弹性物体上溃灭一样，产生振动，其脉冲持续时间很短，而频谱很宽，可达数兆赫，同样的空泡在液流中溃灭时，脉冲持续时间显著增长，而频谱变窄了，此时，空化辐射出的超声信号主要分布在 $90\sim140kHz$ 的频率范围内。为了对空化过程中辐射出的超声波信号进行监测，可采用声发射传感器或称超声波传感器，该传感器监测频带较宽，$30\sim500kHz$，这个频段很难由机械振动等低频声源产生，主要由空化产生，避免了背景噪声的干扰，因此国内外越来越多采用超声波方法监测机组的空化空蚀现象。

超声波监测通过将超声波传感器（超声波压电换能器或者探头）安装在尾水管检修入

口孔附近、支持盖或者导叶拐臂等处，采集空泡溃灭时辐射的超声波的声能信号并转换成电压信号，通过对电压信号的处理和频谱分析，推算水轮机的相对空蚀强度，了解水轮机的空化空蚀状态。超声波监测法主要是测量与计算声学方面特征的参数，最主要的是声强。声强指单位时间内穿过与声波射线垂直的单位面积内的能量，计算为

$$I_i = \frac{1}{2} \frac{A_P^2}{\rho \bar{v}} \qquad (3-13)$$

$$A_P = \rho \bar{v} \omega A$$

式中　A_P——声压振幅；

　　　ρ——水的密度；

　　　$\bar{v}$——波速；

　　　ω——角频率；

　　　A——位移振幅。

由于波速$\bar{v} = f\lambda$，则式（3-13）可写为

$$I_\lambda = \frac{A_{P0}^2}{\rho f \lambda} \qquad (3-14)$$

式中　A_{P0}——有效声压振幅，$A_{P0} = \dfrac{A_P}{\sqrt{2}}$。

目前一般采用压电式传感器配合测量电路测得声压振幅A_{P0}的大小，代入式（3-14）即可求出相应频率的声强值I_λ，根据声强即可判断空蚀强度。

超声波法虽然能较为准确地反映初生空蚀的形成，但同样会受到一些因素的干扰，当水轮机的空化空蚀较为严重时，流道中产生的空泡较多，此时的传播介质是水和空泡的混合物，过多的空泡阻碍了声能的传播，降低了声波传播的速率，增加了传播损耗，可能使实测的超声波信号强度减少，不能如实反映机组空化空蚀状态；另一方面，超声波传感器无论安装在何处，如尾水管检修入口门、水车室内的支持盖或者导叶拐臂等处，由于均远离转轮叶片、尾水管，信号传播过程中存在衰减，所测试的超声波信号并不能与转轮叶片或者尾水管受空蚀破坏的程度完全等同起来。这是水轮机间接监测空化空蚀的必然结果，弥补的方法是采用更为精密的传感器，安装在最合适的地方，用更准确的信号特征值提取技术。

3. 振动监测法

水轮机发生空化空蚀时，气泡溃灭瞬间产生很大的高频冲击力，这种冲击力是由于加速度增大引起的。因此，利用加速度传感器采集空化空蚀时产生的振动加速度信号，可以判断空蚀发生、发展和严重程度。空蚀现象越严重，加速度就越大，高频分量越明显。

加速度传感器的安放位置应距离空化发生位置愈近愈好，且加速度传感器与声源之间的金属厚度要较小。通常将加速度传感器安装在转轮附近的尾水管检修入口门、水车室内的支持盖、导叶拐臂或者水导下轴承等处。对一些小型的水轮机，有时甚至可直接安装在水轮机的轮叶上。

由于空蚀振动的频率范围较宽，且以高频分量为主。因此，要选择工作频率在$100\sim10000$Hz的传感器，量程不应小于100g。可选用丹麦BK公司的4371、4390等石英压电

晶体加速度传感器，也可选用国内外其他厂家生产的满足上述要求的设备。

4. 空化空蚀外特性监测

为了准确监测水轮机空化空蚀现象，通常将超声波和振动监测综合应用，同时对空蚀外特性进行检测，为判断空化现象提供全面的状态数据。超声波传感器用于监测空化、空蚀过程中辐射出的 $30 \sim 500 kHz$ 高频声信号；振动加速度传感器用于监测 $20 \sim 20000 Hz$ 频率范围内的可听闻噪声信号。

空化外特性监测的数据有机组有功、机组无功、水轮机出力、能量损失、发电流量、工作水头、转速、接力器行程、耗水率、水轮机效率、效率误差、设计效率、机组效率、吸出高度设计值、吸出高度实际值、临界空化系数、装置空化系数、空化强度系数、累计金属失重量、噪声波形峰峰值、尾水管压力脉动峰峰值、导叶后压力脉动峰峰值等。一般能量指标和压力脉动信号的采集不是问题，关键是空化噪声的测试有特别的要求。空化噪声的特征频率段为两段：人耳可听闻范围 $20 \sim 20000 Hz$，超声频段 $20 \sim 250 kHz$。目前国内外关于空化噪声监测的研究表明，有较肯定结果的是在 $20 \sim 20000 Hz$ 频段。通过对空化外特性监测数据的分析，综合考虑压力脉动和噪声、超声波数据，可以综合判断空蚀现象的发生。

3.4 气隙与磁场强度监测

3.4.1 气隙监测

水轮发电机定转子间的气隙是重要的电磁参数，对其他参量、运行性能和技术经济指标有直接影响，也与振动有密切关系。当定子内腔和转子不圆、外圆不圆、定子机座振动、主轴偏移时，定转子之间的气隙将出现偏心现象，造成空气间隙不均匀，产生不平衡磁拉力，影响系统稳定。当发电机定子、转子之间的最小气隙小于额定气隙的 70% 时，甚至会出现扫膛事故。因此，监测定转子之间的空气气隙变化，有助于准确诊断发电机的异常状况，保证机组轴系稳定运行，避免被迫停机而造成巨大经济损失。

气隙监测主要包括以下几项内容：

(1) 检查气隙不均匀性，以检验机组的制造、安装和维修质量。

(2) 监测不同工况下气隙的变化，以制定最佳运行工况。

(3) 监视运行中发电机气隙的变化趋势，避免发生转子磁极松动等机械故障。

(4) 因为气隙间距不均匀会产生单边的不平衡磁拉力引起机组振动，故气隙间距监测可作为机组振动监测的一个辅助分析手段。

我国间隙监测的水平较低，一般都是在机组安装调试过程中，用塞尺对气隙作定点静态测量，这种方法测点少，精度低，无法确定定子内圆的几何形状和转子磁轭、磁极环状体对大轴旋转中心的偏心量。而且机组启动后气隙也随之变化，故静态气隙测量起不到监测作用。目前，我国安装运行中发电机的气隙监测的电站只有三峡、葛洲坝、二滩等少数几个。这些电站主要采用的是加拿大 VibroSystM 公司的 AGMS 气隙监测系统，系统界面如图 3.9 所示。

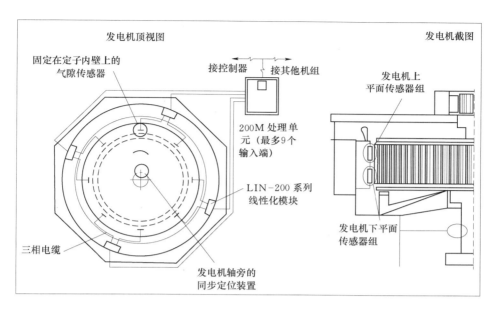

图 3.9　AGMS 系统界面

AGMS 气隙监测系统由平板电容传感器（图 3.10）、AGMS 数据采集单元、信号调节器、通信接口和 AGMS 软件组成。平板电容传感器利用传感器平板与被测表面之间的等效电容的变化反映两个平面之间的距离，由于为平板形式，非常适合在定转子之间和定子线棒端部安装，其准确度不受表面油污、碳粉等污垢的影响，具有强的抗电磁干扰能力。气隙监测时，将平板电容传感器以粘贴方式固定在定子内壁上，检测气隙的变化，再输入发电机层外的 ZOOM 零停机在线监测系统盒子完成信号处理后，通过总线传送至中控室辅助盘的中央服务器。VibroSystM 为用户提供了一个独特的方法来评价发电机运行状态。

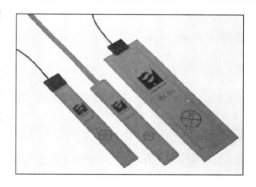

图 3.10　平板电容传感器

气隙传感器的数量可根据发电机的结构参数来配置，一般转子直径小于 7.5m 时配置 4 个传感器，大于 7.5m 时配置 8 个传感器，对于发电机转子高度较高的机组，在定子上部和下部分两层分别安装 4 或 8 个传感器。测点布置沿周向均匀分布，若布置 4 个测点，在定子 0°、90°、180°、270°方向布置；若布置 8 个测点，可在 0°、45°、90°、135°、180°、225°、270°、315°方向布置。同时还采用非接触涡流传感器作同步定位。

利用气隙传感器采集的是各个磁极对应的气隙间距的绝对值，经过简单计算可得到各个磁极气隙间距的平均值及其之间的偏差、最大与最小气隙间距的位置等参数。通过对采集到的气隙数据的分析处理，可把定子铁芯的稳态运动与振动量区分开，把转子大轴的振动与由于转子和定子结构引起的振动区分开。这样气隙监测系统就能反映定子、转子动态状况，分析发电机动不平衡及整个水力机组轴系的运行状态。

除了上述这种平板电容传感器气隙监测系统外，还有一种光电气隙监测系统在国外也得到了应用。该系统的工作原理是反射光学三角测量技术。探头是一个光源发射器，光源通过透镜发射到对面的一条反射带上，利用交叉光源脉冲的变化时间以确定距离。控制器很小，抗污染，可放置在定子的通风槽内，不需外伸到气隙中，探头可安装在定子上，则以定子为基准，测量转子偏移对气隙的影响。为了防止强电场对测量结果的干扰，引线采用光导纤维，采集的数据用微机处理。

3.4.2 磁场强度监测

发电机定转子间气隙磁场状况直接影响发电机的端电压，励磁绕组和转子可能出现的各种问题在气隙磁场强度分布曲线上都会引起相应的改变。发电机安装时如果转子装配不当造成定转子轴线没有对正，或者运行中某一极出现松动等，也会引起磁路的不对称，从而造成磁场强度分布的不均匀。磁极磁场强度的不平衡，是导致机组振动、发电机过热和定转子部件承受超常应力的重要原因。严重时可能进一步引发故障，如轴承磨损等严重事故。因此，在进行气隙监测的同时，对发电机的磁场强度进行检测也十分必要。

磁场强度监测是由磁通量传感器、信号调节器、数据采集装置和相应的分析软件组成。磁通量传感器通常采用 VIBROSYSTEM 的 MFM - 100 磁通测量系统，由安装在定子内壁上的 MFP - 100 传感器和远处的 MFC - 100 至信号调节器组成。一般一台发电机布置一个磁通量传感器，与气隙距离传感器并列安装，以便在获得气隙磁场强度的同时得到对应点的气隙距离。利用同一个数据采集装置可以得到各个磁极对应的气隙磁场强度的幅值分布曲线。

磁场强度幅值分布曲线随发电机运行工况而改变，因此不能直接利用幅值变化作为判据。考虑到正常发电机各磁极的磁场分布是对称的，可以利用各磁极的磁场强度的最大值和平均值的偏差作为基本的分析方法。在设定了合适的判断阈值后，如发现某一磁极偏差超过阈值，程序发出报警信号。同时程序需比较该磁极对应的气隙间距的测量值以及转子电流、电压等其他参数的变化情况，以对故障原因作综合的分析判断。从而可准确判断出故障是由于转子绕组匝间短路，还是气隙间距变化过大引起的。为了提高对故障反映的灵敏度，以便发现磁场强度的微小变化，可对磁场强度幅值分布曲线进行微分后再进行分析。理论分析表明，微分曲线灵敏度可提高 ω 倍。

3.5 局部放电监测

3.5.1 局部放电类型及产生的原因

局部放电是高电磁作用下发电机定子绝缘系统部分区域发生的放电现象。由于绕组振动和工作在高温环境下或者由于油污、潮湿和化学物质的作用，随着定子绕组绝缘的不断恶化，局部放电呈十倍或十倍以上的速率增长。因此，局放监测是发现绕组绝缘故障的主要途径。

发电机局部放电主要有绕组绝缘内部放电、定子端部绕组放电及定子绕组槽部放电三种。

1. 绕组绝缘内部放电

内部放电可发生在绝缘层中间、绝缘与线棒导体间或绝缘与防晕层间的气隙、气泡里。这些气隙、气泡可能由于发电机定子线棒在制造加工的过程中存在不同程度的残留产生，也可能运行过程中在电、热和机械力的联合作用下，引起绝缘脱层、开裂而产生。特别在绕组线棒导体的棱角部位因电场更为集中，放电电压更低。在电场的作用下，当工作电压达到气隙的起始放电电压时，便产生局部放电。内部放电的热、化学、机械效应又进一步使气泡产生和扩大，造成绝缘有效厚度减少，使击穿电压降低，最终导致匝间绝缘和主绝缘击穿。大多数内部放电可以由脉冲系统检测出。

2. 定子端部绕组放电

发电机端部是绝缘事故高发区，在诸多导致事故的绝缘放电中，端部放电占据重要地位。

发电机线棒出槽口处的电场是套管型结构，一般要采取防电晕放电的措施，即分段涂刷半导体防晕层。端部振动或振动引起的固定部件的松动均会损伤防晕层，引起端部电晕，它比内部放电剧烈，破坏作用也大，甚至可能发展为更危险的滑闪放电。机内湿度增大也会加剧电晕放电。

绕组端部并头套连接处的绝缘需要手工处理，质量难以保证。当工艺控制不严或使用材料不当时，运行中容易脱层；振动和热应力作用下，线棒其他部分的绝缘也会开裂磨损。由于这些原因形成的气隙中会发生放电，放电逐渐侵蚀绝缘，使绝缘强度降低；水冷绕组的漏水也会进入气隙，使绝缘强度进一步降低。另外，绕组端部采用绑扎或压板结构固定，不同相的线棒之间距离较小，当发电机冷却气体的相对湿度过大，击穿电压大幅度降低时，相间的总体绝缘强度就可能不足以承受相电压，而导致相间放电，也可能导致相间短路事故。不同相的线棒之间存在的固定材料容易被漏水漏油污染，引起滑闪放电，也可能导致相间短路事故。

绕组端部的渐开线部分容易留存异物。运行中的端部振动使异物与绝缘相互摩擦，损伤绝缘网。当异物为金属时，其浮动电位将引起强烈的火花放电，对绝缘的损伤更为严重。

3. 定子绕组槽部放电

大型发电机运行时定子铁芯振动，导致线棒固定部件如槽楔、垫条的松动和防晕层的损害；转子密封油的渗漏会减少部件之间的摩擦力而加剧这种松动和损坏的过程。线棒和铁芯接触点过热造成的应力作用，也会损伤线棒防晕层，由于这些原因使线棒表面和槽壁或槽底之间产生空隙。槽部放电就是发生在这些原因造成的线棒与槽壁或槽底之间的空隙里的高能量的电容性放电。

槽部放电有多种形式，它既可能是电晕，也可能是滑闪放电，甚至可能是电弧。除了主绝缘表面和槽壁间空隙放电外，绕组靠近铁芯通风道处，由于电场集中，也易于产生电晕。防晕层电容电流压降和电磁感应电动势的合成电压也可能给气隙造成强烈的火花放电。当防晕层因受损而存在脱落斑点时，根据斑点半径和气隙厚度的不同，放电或发生在绝缘和铁芯之间，或者发生在绝缘表面。当防晕层脱落斑点扩大、汇合，在绝缘表面形成孤立的漆斑时，由于浮动电位和电容效应，放电可能呈现很高的幅值，具有电弧的特点。

不同形式的放电对绝缘的危害不同。由于主绝缘大电阻的限制，线棒对铁芯之间的放电（包括电晕）电流不大，因而对环氧云母绝缘的危害较小。但是滑闪放电、火花放电和浮动电位放电的强烈热效应，会导致绝缘材料的局部裂解、熔化；当它们和铁芯振动、放电产生的臭氧及氮的氧化物与气隙内水分共同作用时，会引起防晕层、主绝缘、槽楔、垫条等的烧损和电腐蚀，会迅速损坏电机绝缘，危害较大。

3.5.2 局部放电的表征参数

局部放电是比较复杂的现象，必须通过多种表征参数才能全面地描绘其状态，同时局部放电对绝缘破坏的机理也很复杂，需要不同的参数来评定它对绝缘的危害，具体参数如下：

（1）视在放电电荷 q_a。局部放电时，绝缘体上施加电晕的两端出现的脉动电荷称为视在放电电荷。测量时将模拟实际放电的瞬变已知电荷注入试品两端（施加电压的两端），当两端出现的脉冲电压与局部放电时产生的脉冲电压相同时，可认为注入的电荷量即视在放电电荷。

（2）放电重复率 N。每秒钟出现的放电次数的平均值称为放电重复率。

（3）放电能量 w。每次放电发生时电荷交换所消耗的能量称为放电能量。

这三个基本参数是表达放电过程的最重要的参数，是判断放电是否发生、放电剧烈程度的重要依据。

3.5.3 局部放电监测方法

根据局部放电产生的声、光、电等现象，开发了很多发电机局部放电的监测方法，如监测电磁波的特高频监测法，监测声波的超声波监测法，监测电脉冲信号的电脉冲法，监测气体成分的色谱分析法等。其中电脉冲法灵敏度较高，是发电机局部放电监测的主流方法。发电机定子局部放电在线监测的关键是把定子局部放电信号与外来脉冲干扰区别开来，尽可能地抑制和消除干扰。根据传感器的种类和消除外来脉冲干扰的方法，国外具有代表性的局部放电的在线监测方法可以分为以下五种。

1. 中性点耦合法

中性点耦合法的工作原理是发电机发生局部放电时，会产生频率很宽的电磁波，而发电机内任何地方产生的射频电流都会通过中性点接地，在发电机中性点安装宽频电流互感器，可以检测到局部放电，监测发电机内部放电量变化。中性点耦合法测量大型发电机的局部放电具有以下的优点：

（1）局部放电传感器安装在发电机中性点附近，该点电压比较低，因而对发电机系统的影响比较小，安全可靠性高。

（2）大型发电机内部产生的所有脉冲都会经过中性点，该方法可以监测到发电机整个范围内的局部放电。

然而发电机的局部放电大多发生在高压绕组部分，局部放电信号从放电位置传播到中性点时有很大的衰减和变形，导致中性点耦合法测量时信号处理的难度很大，因此这种方法难以推广使用。

2. 便携式电容耦合法

便携式电容耦合法是在发电机或电动机的三相高压出线各并联一个电容（375pF、25kV），电容器通过电阻接地，电阻上的信号作为传感器的输出，通过带通滤波器（如30kHz～1MHz）引入示波器。

早期，用于局部放电信号监测的传感器容量一般都在375～1000pF范围内，1976年加拿大 IRIS 公司首次使用80pF的电容传感器（图3.11）。80pF电容器实际上相当于一个高频滤波器，它能够阻挡50Hz或60Hz的工频电压信号通过，但允许那些高频的、上升时间极快的电压脉冲通过，特别易于40MHz以上的局放信号通过。因此，可以有效地抑制了现场噪声，提高了测量结果的可靠性。同时，由于电容的容量小，体积也相对比较小，因而更易安装。

图 3.11　80pF 电容传感器

3. PDA 监测法

PDA（Partial Discharge Analyzer，局部放电分析仪）监测法是由加拿大 Ontario Hydro 公司在便携式耦合电容法上发展而来，主要改动是将原来临时搭接在发电机或电动机的三相高压母线出线端的便携式电容器改为永久性的，并利用绕组内的放电信号和外部干扰噪声信号在绕组传播过程中具有的不同特征来抑制噪声，提取放电信号。为实现局放信号和噪声信号的自动分离，要求将成对的电容耦合器对称地安装在发电机内部同一相绕组的两个分支上，每对电容传感器引出的两个信号经同轴电缆接至 PDA 的输入端。局部放电信号被送入一个带宽为50MHz的宽带差动放大器，其后接一个带宽为80MHz的脉冲高度分析仪用于记录局部放电脉冲。其抗干扰原理如图3.12所示。外部噪声干扰脉冲到达两个耦合器的时间相同，而绕组分支中的局部放电脉冲到达它们的时刻不同。若信号电缆的长度相等，则经过差动放大器后，外部干扰脉冲被抵消，内部放电脉冲则因先后到达而不会被抵消。据此可区分噪声信号和局放信号。

由于可以有效地抑制脉冲型噪声信号的干扰，PDA 法是目前发电机局部放电在线监测中应用的最广泛的一种方法，但是也存在一些缺点：

（1）局部放电传感器安装在发电机的高压侧，且需要安装多个传感器，任何一个传感器击穿或者短路均会造成发电机的灾难性故障。

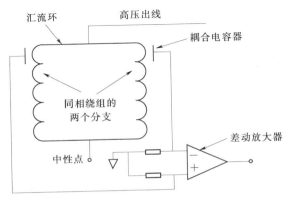

图 3.12　PDA 监测及抗干扰原理图

（2）电容值选取为80pF，对低频信号的阻抗大，因此，对距离传感器较远的中低压绕组的局部放电的灵敏度比较低。

（3）对于转子回路产生、由电磁耦合到定子系统的脉冲（比如碳刷滑环接触不良时的电弧火花），往往被误判定为局部放电。

4．槽耦合器法

大型水轮发电机既受外部噪声干扰又受内部噪声干扰。为了有效地监测发电机的局部放电脉冲，提出了在定子槽内安装耦合器的方法。这种定子槽耦合器（Stator Slot Couple，SSC）实质是一种定向的电磁耦合器，其耦合方式既不是容性，也不是感性，而是具有分布参数的，类似天线的作用，如图3.13所示。这种耦合器具有很宽的频率响应，典型的数据是下限截止频率为10MHz，上限截止频率为1GHz。定子槽耦合器可以对局部放电和其他脉冲产生不同的脉冲响应，局部放电信号的脉冲以1～5ns宽的脉冲响应被SSC检测出来，而外部噪声和内部噪声传入SSC所在位置时，由于噪声沿定子传播时定子绕组起到自然滤波的作用，已衰减变形，被检测到的脉冲的宽度一般大于20ns。根据脉冲宽度的明显差别可以将定子的局部放电和所有的干扰有效的区分出来。

图3.13　定子槽耦合器

SSC的优点是灵敏度非常高，而且对内部脉冲干扰和外部脉冲干扰均有很强的抗干扰能力，但是离SSC较远的局部放电传播到SSC时已严重衰减和展宽，可能被误认为是干扰。另外，定子槽数目多，考虑到耦合器的制作和埋设代价较大，不能在每个槽下都装设SSC，只能在高压端几个槽下装设，一般每台发电机仅装设6～12个SSC。在发电机内部装设部件，不利于发电机的安全稳定运行，同时也大大增加了费用，用户难以接受，推广较难。

5．RTD耦合法

RTD（Resistance Temperature Detector，电阻式测温元件）耦合法是以埋置于定子槽内的RTD的导线作为局部放电传感器，将射频电流传感器与发电机机座外侧的RTD引线连接，从而将局部放电信号载入到监测系统。

抗干扰方法仍然是利用局部放电脉冲和噪声脉冲的频域区别将两者区分开来。一方面，在高频范围内 3~30MHz，局部放电脉冲和噪声脉冲之间在频率特性和灵敏度方面存在差别。选择两个中心频率分别为 f_1 和 f_2 的窄带范围，局放信号幅值变化不大，而噪声信号幅值变化较大。另一方面，将来自两个 RTD 的信号进行对比，外部干扰在两者上的信号差异较小，而内部放电因传播路径长度不同而差异较大。可以综合利用这些差别来区分局部放电脉冲和噪声脉冲。

根据现行的 ANSI 标准和 IEC 标准，新生产的发电机都要安装 RTD，因此，该方法不必要再停机安装额外的传感器就可以进行局部放电的测量，这是 RTD 法的最大优势。主要缺点是频带过宽，会引入大量的电磁干扰，发电机内部和外部的噪声均能够非常轻易地进入测量系统，同时，离传感器较远的局部放电会被当作干扰排除掉，而且 RTD 本身的电源系统的干扰也会影响局部放电测量。

目前，局部放电监测系统应用较为广泛的是加拿大 IRIS 公司生产的发电机局部放电在线监测系统，占有 80% 的市场份额。它生产的 HydroGuard 系统、TGA 系统，分别使用 PDA 及槽耦合器的方法监测水轮发电机与汽轮发电机的局部放电，能够准确地给出局部放电的幅值。该公司生产的 HydroGuard，在水轮发电机每个并联支路都安装一个电容耦合器，可判定绝缘损坏的部位大概在哪个并联支路上，是非常成熟的产品。

3.6 轴电压监测

3.6.1 轴电压产生机理

发电机在转动过程中，只要有不平衡的磁通交链在转轴上，那么在发电机的转轴的两端就会产生感应电动势。这个感应电动势就称为轴电压。当轴电压达到一定值时，通过轴承及其底座等形成闭合回路产生电流，这个电流称为轴电流。电磁轴电压主要可分为两部分，一是轴在旋转时切割不平衡磁通而在转轴两端产生的轴电压，二是由于存在轴向漏磁通而在转轴两端产生的轴电压。造成发电机磁场不平衡的原因主要有：①定子、转子之间的气隙不均匀；②磁路不平衡，如定子分瓣铁芯、定子铁芯线槽引起的磁通变化，极对数和定子铁芯扇形片接缝数目的关系等；③制造、安装造成的磁路不均衡。此外分数槽绕组的电枢反应也会在转轴上产生轴电压。

轴电压升高到一定的数值，将会击穿轴承油膜形成轴电流。轴电流不但破坏油膜的稳定，而且由于放电在轴颈和轴瓦表面产生很多蚀点，从而破坏了轴颈和轴瓦的良好配合，进一步加剧轴瓦的损坏。防止轴电压的重点在于防止轴电流的形成，轴承间只要不形成轴电流回路，则不需对所有的轴承绝缘。但由于轴承座绝缘不良或者通过细小异物接地很难被发现，当接地电刷接触不良时，轴电流仍然会损坏轴承。因此实时监测轴电压，排除使轴电压升高的种种因素，才能使轴承安全运行。

轴电压的产生可能有以下几种原因：

（1）磁通脉动。电机内磁路不对称或磁场畸变都会引起磁通脉动。旋转的转轴切割这些脉动磁通，就会在两端产生感应电动势。这种原因产生的轴电压大小和频率完全与脉动磁通的幅值和频率有关。如果转子支承偏心或者轴承磨损等引起气隙不均，也会造成脉动磁通，从而产生轴电压。

（2）单极效应。电机中存在环绕轴的各种闭合回路，如电刷装置的集电环、换向极和补偿绕组连接线、串激绕组连接线等，由于设计时考虑不周，磁势不能相互抵消，就会产生一个环轴的剩余磁势，使转轴磁化，并在电机旋转时，在转轴两端也产生感应电动势，其原理和单极发电机一样，故称单极电势。这种单极效应产生的轴电压在恒定负载时，表现为直流分量，并随负荷电流而变化。

（3）电容电流。转子绕组与铁芯之间存在分布电容，在采用可控硅静止电源供电时，电流的脉动分量就在转子绕组和铁芯之间产生电容电流，这样就会在轴与地之间产生一个电位差。这种轴电压的幅值是由电源中脉动电压和各种分布电容所决定的，其频率则是由电源中的脉动分量频率所决定的，往往是高频分量。

3.6.2 轴电压监测方法

目前在一些进口的大型发电机上装有轴电压（流）检测装置，可以在线实时监测轴电压（流），并给出报警和跳闸信号。下面以 GE 公司的一套轴电压检测装置（图 3.14、图3.15）为例说明轴电压监测原理。

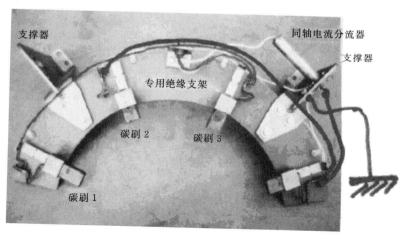

图 3.14　发电机转子接地电刷架及轴电压监视装置实例图

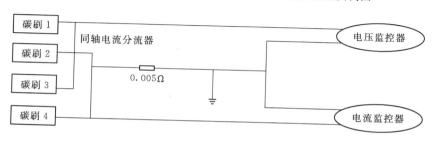

图 3.15　轴电压监视装置接线原理图

GE 轴电压检测碳刷装置由 4 个碳刷组成，安装在一个特殊的碳刷支撑上，位于发电机靠背轮端部。碳刷 2 与碳刷 4 并联，通过同轴电流分流器接地。在接地电流回路中，同轴电流分流器相当于 0.005Ω 的电阻，使发电机转子大轴直接接地。轴电流通过同轴电流分流器，分流器两端产生的电压降信号被送到电流监控器，此电流一般是几毫安。如果发电机励端轴承底座绝缘垫片的绝缘效果降低或损坏，轴电流的平均值就会上升，当轴电流超过预设值时系统报警，表明机组整个轴系的电荷积聚过多或者发电机转子绕组泄漏电流过大，应寻找原因予以消除。在控制柜端子上连接一个示波器观察电流的实际幅度和频率。

碳刷 1 与碳刷 3 并联后直接送到电压监控器。电压监控器具有高输入阻抗特性，保证即使碳刷表面与轴颈之间形成高电阻油膜，轴电压监控器也能较准确地测量到轴对地电压。实际上就是间接地监测转子接地碳刷与转子大轴的接触情况：如果轴颈清洁干净，与接地碳刷接触良好，装置接地良好，轴电压一般在几百毫伏的范围，检测到的脉冲频率为 0；如果出现装置接地线松脱，轴颈沾污或碳刷磨损导致轴颈与碳刷接触不良等情况，轴电压产生一个脉冲。当轴电压信号脉冲频率超过限定值时，轴电压监控器发出报警信号。此时，应及时清扫轴和接地碳刷，保证轴电压回到正常，且复位报警后不再重复。

3.7　主要技术难点及研究方向

3.7.1　低频振动监测

水力机组振动频率较低，大中型水力机组的转频仅为 $1\sim2\mathrm{Hz}$，而水轮机尾水管产生水流涡旋引起的机组振动频率更低，约为转频的 $1/5\sim1/3$。此外，一旦水力机组在运行过程中发生事故甩负荷，过渡过程中振动频率将更低。如果采用电涡流传感器，虽然可以满足低频振动特性的测量要求，但是现场安装困难。而加速度传感器尽管频响下限满足要求，但是机组固定部件振动的加速度信号输出微弱。因此，目前主要采用低频惯性式速度传感器来监测机组各支撑部件的振动。惯性式速度传感器信噪比高、后续电路简单、抗干扰能力强，但是传感器自然频率越低，体积越大，安装越困难。而且低频惯性式传感器在遇到较大的突变情况时会出现波形畸变现象。因此，为实现机组振动故障的实时监测，传感器的选择还有待进一步完善提高。

惯性式速度传感器用于检测物体的绝对振动，也称为绝对振动传感器。从结构原理上来看，传感器是一个由质量和弹簧组成的二阶惯性系统，运动方程可表示为

$$mx_1'' + \mu(x_1' - x_0') + c(x_1 - x_0) = F(t) \tag{3-15}$$

式中　m——惯性体质量；

c——弹簧刚度；

μ——阻尼系数；

x_0——基座壳体的绝对位移；

x_1——惯性体的绝对位移；

x_0'——基座壳体的速度；

x_1'——惯性体的速度；

x_1''——惯性体的加速度；

$F(t)$——作用于惯性体的外力。

令 $\omega_0=\sqrt{\dfrac{c}{m}}$，$\omega_0=2\pi f_0$，$f_0$ 为固有频率；$\xi_0=\dfrac{\mu}{2m\omega_0}$；$x_t=x_1-x_0$，为质量块相对传感器壳体的振动位移。则式（3-15）变为

$$x_t''+2\xi_0\omega_0 x_t'+\omega_0^2 x_t=F/m-x_0'' \tag{3-16}$$

在传感器的正常使用情况下，$F=0$。则对式（3-16）进行拉普拉斯变换，得到

$$(s^2+2\xi_0\omega_0 s+\omega_0^2)X_t(s)=-s^2X_0(s) \tag{3-17}$$

传递函数 $H_0(s)$ 为

$$H_0(s)=\frac{X_t(s)}{X_0(s)}=\frac{-s^2}{s^2+2\xi_0\omega_0 s+\omega_0^2} \tag{3-18}$$

传感器由圆形弹簧片支悬一个线圈，线圈的质量即为 m，在壳体上装永久磁铁。当线圈和磁铁有相对运动时，线圈切割磁力线、产生电压信号输出。输出电压为

$$u_0=Blx_t' \tag{3-19}$$

进行拉普拉斯变换可得

$$U_0(s)=BlsX_t(s)=k_0sX_t(s) \tag{3-20}$$

式中 B——磁场强度；

l——切割磁力线的线圈长度；

k_0——传感器灵敏度系数。

由式（3-18）和式（3-20）可得

$$U_0(s)=k_0H_0(s)sX_0(s)=\frac{-k_0s^2}{s^2+2\xi_0\omega_0 s+\omega_0^2}sX_0(s) \tag{3-21}$$

由式（3-21）可见，传感器的输出电压正比于基座（壳体）的振动速度 $sX_0(s)$。当振动圆频率 ω 远高于传感器的固有圆频率 ω_0，$H_0(s)$ 近似为 -1；当 $\omega \ll \omega_0$，传感器的灵敏度很低。

因此，一般惯性式振动传感器的应用测量范围应是 $\omega > \omega_0$。为了检测低频振动，需要采用大质量和软弹簧，这意味着传感器的可靠性低，体积加大。目前，工程上常用的惯性式速度传感器的自然频率下限约为 2.5Hz，而需要检测的水轮发电机振动信号低于 1Hz，因此为了向低频扩展惯性式速度传感器的频率响应，可采用电路补偿的方法。电路补偿有反馈补偿与串联补偿两种形式，而反馈补偿降低自然频率的同时，降低了阻尼比，稳定性变差，还易产生振荡，故采用串联补偿方式，将传感器输出电压串联一个补偿电路，使补偿网络的零点消去原传递函数的极点，那么补偿电路的极点便成为补偿后传递函数的极点，从而改变传感器的低频输出特性。

令补偿电路的传递函数为

$$H(s)=k\frac{s^2+2\xi_0\omega_0 s+\omega_0^2}{s^2+2\xi_1\omega_1 s+\omega_1^2} \tag{3-22}$$

经电路校正后，传感器的输出为

$$U_1(s)=\frac{-kk_0s^2}{s^2+2\xi_1\omega_1 s+\omega_1^2}sX_0(s) \tag{3-23}$$

其中 ω_1 由电路参数决定，而原惯性传感器的 ω_0 则取决于其机械结构参数。电路补偿后的传感器固有频率可降为原惯性传感器的 1/20 左右，大大扩展了传感器低频端的应用范围，但同时却保留原惯性传感器的可靠性和抗冲击特性。

此外，为实现低频振动测量，部分研究学者尝试采用基于强度调制的光纤测振传感器。该传感器通过谐振结构对近似为线性分布的光强进行调制，从而到得随外界振动特性改变的输出数字量。基于光纤测振的传感器体积小、质盘轻、具有较强的电磁抗干扰能力。特别是在低频段，通过补偿的方法使其灵敏度得到了较大的提升，因此，弥补了传统惯性式振动传感器无法在低频段正确拾取有用信号的特点。

3.7.2 水轮机关键部件应力与裂纹监测

近年以来国内如岩滩、二滩、五强溪、万家寨、李家峡、大朝山等，国外如美国大古力、俄罗斯布拉兹格、埃及的阿斯旺高坝等电厂，在机组投入运行后，转轮叶片都出现不同程度的裂纹，被迫停机修复，导致重大经济损失。最典型的是小浪底电站，叶片在 72h 试运行后就产生了裂纹。转轮裂纹严重影响电厂的安全运行和经济效益，成为近年来水力机组机械故障研究的重点。

转轮叶片裂纹大部分出现在叶片出水边靠近上冠处，一部分出现在叶片出水边靠近下环处，裂纹端口呈现明显的疲劳裂纹特征。叶片裂纹是疲劳破坏这个结论已经得到学术界的普遍认可。各种因素引起的水力振动都会在叶片上产生交变应力，从而可能导致叶片的疲劳破坏。叶片出水边后的卡门涡引起叶片共振是导致叶片裂纹的最常见的原因。另外，小浪底电站发现的机组启动过程中的扭振产生了非常大的动应力，是一个值得关注的现象。

目前转轮几乎都用不锈钢制造，即使是产生裂纹的叶片，其计算或实测的动应力幅值也都还没有超过材料的强度极限。所以，转轮制造过程所产生的残余应力也是叶片裂纹的重要的原因。

虽然业界对产生交变应力的原因几乎达成共识，但是叶片裂纹的现象还是不断发生，原因在于目前尚不能准确预知机组工作过程中的交变应力究竟有多大，所以无法预测是否会产生裂纹和裂纹发展的速度，从而在设计阶段就防止发生裂纹，而只能在事后加以弥补。

对转轮叶片的应力进行现场测试是了解叶片上动、静应力分布的最可靠的办法，但是转轮应力实测的难度非常大，国内水电站所进行的测试大部分由国外的公司进行。国内华中科技大学研制了专门的水轮机应力测试仪，并应用此仪器，与东方电机公司合作，在大朝山和李家峡电站成功地对叶片应力进行了实测。真机试验获取转轮叶片动、静应力的分布的成本过于昂贵，今后有可能采用 CFD 技术及有限元技术进行数值模拟，求解动、静应力分布，当然应考虑流固耦合等因素的影响。

声发射监测技术是转轮叶片裂纹检测的一种新方法，目前主要停留在实验室阶段，真正用于现场的成果并不多。声发射监测技术提取的是高频的振动信号，有效地弥补了常用水力机组振动传感器只能测量频率范围在 $200\sim500\,\mathrm{Hz}$ 的信号的不足，可采集分析超声波段的高频声发射信号。实验表明振动监测对早期的转轮叶片裂纹故障不敏感，只有当叶片裂纹故障发展到一定程度时才会被检测出来，此时水轮机的振动状况已发展到了比较严重的程度并对机组稳定运行造成很大影响。而声发射检测技术运用水轮机转轮叶片裂纹故障诊断中可以及时准确地预测并诊断出水轮机组在运行时的故障，尤其有助于转轮叶片裂纹故障早期的检测，提高故障诊断的准确率和可信度。

声发射（Acoustic Emission，AE）是指材料局部在外载荷（如力、热、电、磁等）或内力的作用下以弹性波的形式释放能量的现象。金属材料在外部载荷下产生塑性变形（晶格滑移变形或孪生变形等）时会发生声反射；材料中裂纹的形成和扩展过程、不同相界面间发生断裂以及复合材料内部缺陷的形成也都成为声发射源。由声发射源发出弹性波经介质传播到被检测物体表面。经声发射传感器将检测到的声发射信号换成电信号再经过放大、相关处理、分析和研究，可推断出材料内部缺陷性质和状态变化。根据 AE 信号特征及其强度，不仅可以推知声发射源的目前状态，还可知道故障形成的历程，并预测其发展趋势。

转轮叶片在由卡门涡列、水力弹性振动或水压脉动所诱发的交变载荷的作用下，金属材料产生塑性变形而造成应力集中。当受外力作用使得存储的形变弹性能超过临界应力时，裂纹即出现并扩展，同时伴随着弹性波（声发射信号）的扩散，迅速释放其内部积累的应变能。据此，可以采用声发射技术对转轮叶片裂纹的产生和发展进行在线动态监测和识别。

由于水轮机在水下工作，经常受到 20m/s 以上的水流冲击、转轮的振动、包括由压力脉动引起和无叶区水力干扰而引起的正常的低频机械振动（几或几十赫兹），还包括一些引起较高频噪音的较高频率（100～400Hz）的异常振动造成了强大的背景噪音。而声发射的波的频率范围却很广，从次声（频率低于 20Hz）到可听声（频率 20Hz～20kHz）直至几十兆赫兹的超声波。所以为了准确地对转轮叶片裂纹进行预测，必须研制能从强大的噪音背景下提取声发射信号，大量获取 AE 波形数据，具备高数据传输速率的多通道全波形声发射监测系统。国内卢文秀等学者已经研发了相关的水轮机声发射监测系统，但是将实验室结果与工程实践相联系仍需要做大量工作。

3.7.3 水轮机过流部件泥沙磨损监测

水流中含有泥沙，对水轮机过流部件造成磨损。水轮机的泥沙磨损是一个复杂的课题，在这方面研究的时间不长，理论上还不够成熟，通常认为泥沙磨损是由于机械和化学作用的结果。高速含泥沙的水流通过过流表面时，有摩擦切削作用和化学作用，含沙水流冲击过流表面的瞬间，可产生高温高压使金属表面氧化，急剧的温度变化会引起金属保护膜的破坏而引起局部腐蚀。在泥沙的不断冲击下，产生交变应力加速了金属保护膜的破坏。另外，某些坚硬的泥沙颗粒（如石英砂）的硬度，高于金属材料的硬度且具有尖锐的棱角，当它以很高的速度冲击金属表面时，冲击点的局部应力大于材料的破坏强度时，会引起金属表面细微颗粒逐步脱落。泥沙颗粒擦伤金属表面，产生磨损形成沟槽、波纹或鱼鳞坑，其方向与水流方向基本一致。由于磨损，使金属表面不平整，加剧了局部空蚀的发生和材料的破坏。

对混流式水轮机，磨损部位主要有叶片、上冠下环内表面、抗磨板、导水叶及尾水管里衬。轴流式水轮机磨损部位主要有叶片、转轮室、轮毂、顶盖、导水叶、底环和尾水管里衬。水斗式水轮机主要是水斗、喷嘴和针阀。

水轮机过流部件泥沙磨蚀监测包括过机泥沙监测、水轮机状态检测和磨蚀状态检测。目前，已有一些自动化设备可以帮助人们监测过机泥沙、机组运行状态，但磨蚀状况的内特性的直接监测还难于实现自动化，通常是采取停机检查的方式，测量磨蚀面积、深度，计算失重量，由此判断磨蚀的程度。通过机组外特性监测磨蚀状况是有效的方式，但必须掌握磨蚀内特性与外特性的关系，积累数据与经验，增加分析的准确性。

以三门峡水电站为例，介绍过机泥沙实时监测的工作原理。三门峡水电站在每台机组上装有水轮机过机泥沙实时监测装置，从蜗壳中抽取水样，将泥沙含量转换为电量，经单片机处理系统实时测定过机泥沙含量，并上传到计算机监控系统。水轮机过机泥沙的实时监测装置采用黄委会水科院研制的 MDS51 - 103 型含沙浓度测量仪。含沙浓度测量仪的工作原理为：传感器内接一振动管，管壁厚度、直径、长度及其两端固紧方式都已确定，则其振动频率只与被测液体的密度有关。而密度和含沙量之间存在对应关系，因而频率可以代表不同的含沙量值。

3.7.4 发电机转子绕组温度监测

发电机转子线圈温度分布是影响到发电机安全运行的重要参数。对于大型发电设备，合理地设计电机的温升分布，对电机的运行温度进行监测十分重要。由于发电机转子线圈随转子不断旋转，这就给转子线圈温度分布的测量带来很大困难。发电机的制造行业、科研和运行部门一般是通过测量发电机转子线圈的励磁电压和励磁电流来计算转子线圈的铜电阻，再利用铜金属的电阻值与其温度的固定函数关系来计算出发电机转子线圈的平均温度。这种方法只能反映转子线圈的平均温升，不能反映温升分布及热点状况，因而不能准确反映发电机运行的安全状况，也不利于对发电机的温度场进行全面研究，并验证发电机设计是否合理。在发电机的某些科研试验中，采用在转子线圈上埋设温度传感器，再通过安装在发电机转子上的滑环引出温度传感器信号，从而测量发电机转子线圈温度分布的试验方法。这种方法可以实现发电机转子线圈温度分布的测量，但由于现场安装条件的限制，绝大多数电站没有条件在电机的轴系上安装测试滑环，因此不具推广性。

目前，国家水力发电设备工程技术研究中心成功研发了一种无线式遥控传感技术的转子线圈温度在线监测系统，并在三峡电站应用。转子线圈温度在线监测系统主要由电源变换器、温度传感器、数据采集记录仪等组成。采用 DC - DC 电源变换器把发电机的励磁电压直接转换为该测量系统所需要的稳定的直流电源。把 Pt100 型热电阻温度传感器直接安装布置在两个位置相距 $90°$ 的磁极的线圈上，每个磁极线圈上布置有 12 处测点，在其通风系统中的背风面安装 5 点，迎风面安装 5 点，上端面安装 1 点，下端面安装 1 点。每台发电机的测点总数为 24 点。传感器获得运行中的转子磁极线圈上的温度信号，通过数据采集记录仪和工业总线并由无线式数据传输模块放送出去，而固定不动的定子上机架上装设的无线式数据传输模块可以克服发电机内电磁场对数据传输的干扰，通过非接触式的遥感技术接收这些温度数据，并经过工业总线传输到上位计算机。

第 4 章 状态监测信号的采集与特征提取

设备状态监测与故障诊断所用的各种物理量（振动、温度、压力、流量等）需要利用相应的传感器转换为电信号再进行后续处理，该信号一般为模拟信号。由于数字信号具有灵活性大、精度高、易于大规模集成和便于保存等优点，同时也符合设备状态监测工作计算机化的发展趋势，监测参数的模拟信号要转换成数字信号并送入计算机内，这个过程就是数据采集，包括信号预处理和信号采样两个步骤。

完成数据采集后，为了建立这些数字信号与机组运行状态之间的联系，进行故障诊断，就必须有效的提取出信号中能反映机组运行状态的特征。特征量的选择是否合适、特征提取方法是否可靠、特征结果分析是否准确都决定了机组故障诊断的正确性。目前，对水力机组状态信号进行特征提取的方法主要包括时域、频域、时频域等分析方法。

4.1 状态监测信号的采集

4.1.1 信号预处理

通过传感器监测到的机组状态信息一般为模拟信号。但是监测到的信号中有些是有用的，能反映设备故障部位的症状，有些并不是诊断所需要的信号，因此需要将这部分影响排除。也就是对信号进行预处理。

预处理是指在数字处理之前，对信号用模拟方法进行的调理和处理，以期提高信噪比，满足后期信号采样的要求。信号预处理主要包括信号滤波、信号放大、信号隔直、信号调制与解调等内容。滤波器对信号进行加工处理，进行选择性传输，允许信号中某些频率成分通过而对其余成分进行抑制或衰减。放大电路增大信号幅值，在各部分电路中发挥隔离的作用，在模-数和数-模电路中利用运算放大器实现各种常规的运算功能。当传感器输出微弱的直流或缓变信号时，信号容易受到外部低频干扰和放大器漂移的影响，为了解决这些不利的因素需要将微弱直流信号和缓变信号转换成高频率的交流信号，即进行调制；经过交流放大后，再把交流信号变回直流或缓变信号，即解调。经过滤波、放大、调制的信号，再进行后期传输处理。

4.1.1.1 信号滤波

通常测量信号中会带有多种频率成分的噪声。有时正常的输入信号会被噪声淹没，在这种情况下，需要抑制不需要的噪声，提高系统的信噪比。滤波器就是一种选频装置，可以使信号中特定的频率成分通过（或阻断），极大地衰减（或放大）其他频率成分。

对于一个滤波器，能通过的频率范围称为频率通带，被抑制或极大衰减的频率范围称为频率阻滞，通带和阻带的交界点称为截止频率。

根据滤波器的选频作用，一般分为低通、高通、带通和带阻滤波器。图 4.1 表示了这四种滤波器的幅频特性。

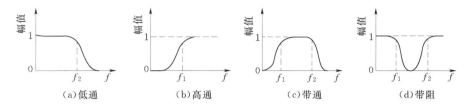

图 4.1　滤波器的幅频特性

图 4.1 (a) 是低通滤波器，从 $0 \sim f_2$ 频率之间，幅频特性平直，它可以使信号中低于 f_2 的频率成分几乎不受衰减地通过，而高于 f_2 的频率成分受到极大的衰减。

图 4.1 (b) 表示高通滤波器，与低通滤波相反，从频率 $f_1 \sim \infty$，其幅频特性平直。它使信号中高于 f_1 的频率成分几乎不受衰减地通过，而低于 f_1 的频率成分将受到极大的衰减。

图 4.1 (c) 表示带通滤波器，它的通频带在 $f_1 \sim f_2$ 之间。它使信号中高于 f_1 而低于 f_2 的频率成分可以不受衰减地通过，而其他成分受到衰减。

图 4.1 (d) 带阻滤波器，特性与带通滤波相反。

上述四种滤波器中，在通带与阻带之间存在一个过渡带，在此带内，信号受到不同程度的衰减。这个过渡带是滤波器所不希望的，但也是不可避免的。

根据奈奎斯特采样定理，采样频率必须高于信号所含最高频率的两倍，实际应用中采样频率是一定的，为了防止频率混叠现象，必须限制传感器信号的最高频率在一个值以下。因此，在水力机组工况监测系统中，经常采用低通滤波器对传感器信号进行滤波处理。至于滤波器截止频率的选取，则要综合考虑设备本身的特点以及采样频率，以保障既不出现频率混叠现象，又不丢失有用信息。

4.1.1.2　信号放大

一般 A/D 转换都要求输入的电压信号在一定的范围内（如 ±5V），超出该范围则会产生截波，而信号太小又会降低信号的精度。因此，为了满足 A/D 转换的要求，在经 A/D 转换之前，需要将信号放大（或衰减）到规定的范围内。实际工程中，这一部分功能一般通过接口箱内的插卡电路来实现。

放大器是传感器后处理电路的第一个环节，它应具有高增益、高输入阻抗、低输出阻抗、高稳定度、宽通带、低零漂和低噪声等性能，这样便于信号的匹配和传输。

4.1.1.3　信号隔直

振动涡流位移传感器测得的信号包含交流和直流成分，交流信号反映振动的瞬变情况，直流信号意义不大。当直流信号较大时，会造成信号超出 A/D 转换的动态范围，因此需要使用隔直电路滤掉信号中的直流成分。

4.1.1.4　信号调制与解调

在测试技术中，很多经传感器变换后的信号为低频缓变信号，若直接放大处理会遇到放大器漂移和外界低频的干扰。因此，在实际测量时，常常采用调制与解调的方法对信号加以预处理。调制就是将缓变信号变成高频交变信号，也称为被测缓变信号对一个标准高频振荡控制的过程。被测缓变信号称为调制信号，标准高频振荡信号称载波；经被测信号调制后的载波称为调制波。信号调制的方法有幅值调制、相位调制、频率调制和脉宽调制等，其中前三种又分别简称为调幅、调相和调频。例如被测物理量经传感器变换以后为低频缓变的微弱信号时，需要采用交流放大，这时需要调幅；电容、电感等传感器都采用了调频电路，这时是将被测物理量转换为频率的变化；对于需要远距离传输的信号，也需要先进行调制处理。

经过调制的信号在经过放大后，还需通过解调（或称检波）的方法将其还原成原始信号，以获得被测物理量及其变化的信息。对应不同的信号调制方法需采用不同的方法来解调。

4.1.2 A/D 转换

4.1.2.1 A/D 转换过程

把模拟信号转换成与其相对应的数字信号的过程称之为 A/D 转换过程，主要包括采样、量化、编码三部分。

1. 采样

采样又称为抽样，是利用采样脉冲序列 $p(t)$ 从模拟信号 $x(t)$ 中抽取一系列离散样值，使之成为采样信号 $x(n\Delta t)$（$n=0$，1，2，…）的过程。Δt 为采样间隔，其倒数 f_s 为采样频率。

一个理想采样器可以看成是一个载波为理想单位脉冲序列 $\delta_T(t)$ 的幅值调制器，即理想采样器的输出信号 $e^*(t)$，是连续输入信号 $e(t)$ 调制在载波 $e_T(t)$ 上的结果，如图 4.2 所示。

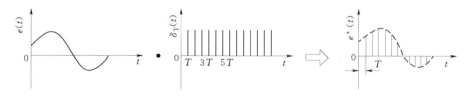

图 4.2　信号的采样

用数学表达式描述上述调制过程，则有

$$e^*(t)=e(t)\delta_T(t) \tag{4-1}$$

理想单位脉冲序列 $\delta_T(t)$ 可以表示为

$$\delta_T(t) = \sum_{n=0}^{\infty}\delta(t-nT) \tag{4-2}$$

式（4-2）中 $\delta(t-nT)$ 是出现在时刻 $t=nT$，强度为 1 的单位脉冲，故式（4-1）可以写为

$$e^*(t) = e(t)\sum_{n=0}^{\infty}\delta(t-nT) \tag{4-3}$$

由于 $e(t)$ 的数值仅在采样瞬时才有意义，同时，假设 $e(t)=0$，$\forall t < 0$ 时，则

$$e^*(t) = \sum_{n=0}^{\infty} e(nT)\delta(t-nT) \qquad (4-4)$$

可见，采样实际上就是将模拟信号 $x(t)$ 按一定时间间隔 Δt 逐点取瞬时值，可以表示为

$$x_s(t) = x(t)p(t) \qquad (4-5)$$

采样的基本问题是如何确定合理的时间间隔和采样长度，以保证采样后的离散信号能代表原来的连续信号。

一般来说，采样频率越高，取点越密，采样后信号越逼近原信号。但是当采样长度一定时，采样频率越高，采样点越多，所需计算机存储量和计算量越大。所以采样频率的选择以不丢失和歪曲原信号信息为准。

由于理想单位脉冲序列 $\delta_T(t)$ 是周期函数，可以展开为傅里叶级数的形式，即

$$\delta_T(t) = \sum_{n=-\infty}^{+\infty} c_n e^{jn\omega_s t} \qquad (4-6)$$

式（4-6）中，$\omega_s = 2\pi/T$ 为采样角频率；$c_n = \dfrac{1}{T}\displaystyle\int_{-\frac{T}{2}}^{\frac{T}{2}} \delta_T(t) e^{-jn\omega_s t} dt$ 为傅里叶系数。由于在 $[-T/2, T/2]$ 区间中，$\delta_T(t)$ 仅在 $t=0$ 时有值，且 $e^{-jn\omega_s t}\big|_{t=0} = 1$，所以 $c_n = \dfrac{1}{T}\displaystyle\int_{0_-}^{0_+}\delta(t)dt = \dfrac{1}{T}$。

则式（4-6）变为

$$\delta_T(t) = \frac{1}{T}\sum_{n=-\infty}^{+\infty} e^{jn\omega_s t} \qquad (4-7)$$

再把式（4-7）代入式（4-1），有

$$e^*(t) = \frac{1}{T}\sum_{n=-\infty}^{+\infty} e(t)e^{jn\omega_s t} \qquad (4-8)$$

式（4-8）两边取拉普拉斯变换，由拉普拉斯变换的复数位移定理，得到

$$E^*(s) = \frac{1}{T}\sum_{n=-\infty}^{+\infty} E(s+jn\omega_s) \qquad (4-9)$$

令 $s=j\omega$，得到采样信号 $e^*(t)$ 的傅里叶变换为

$$E^*(j\omega) = \frac{1}{T}\sum_{n=-\infty}^{+\infty} E[j(\omega+n\omega_s)] \qquad (4-10)$$

式（4-10）中 $E(j\omega)$ 为非周期连续信号 $e(t)$ 的傅里叶变换。

$|E(j\omega)|$ 是频域中的非周期连续信号，ω_h 为频谱 $|E(j\omega)|$ 中的最大角频率。采样信号 $e^*(t)$ 的频谱 $|E^*(j\omega)|$，是 $|E(j\omega)|$ 以采样角频率 ω_s 为周期的无穷多个频谱的延拓，如图 4.3 所示。其中，$n=0$ 的频谱称为采样频谱的主分量，它与连续频谱 $|E(j\omega)|$ 形状一致，仅在幅值上变化了 $1/T$，其余频谱（$n=\pm1$，±2，…）都是由于采样而引起的高频频谱。

由图 4.3 可知，当采样角频率 $\omega_s > 2\omega_h$ 时，采样频谱中没有发生频率混叠，利用理想低通滤波器可恢复原来连续信号的频谱。

当 $\omega_s < 2\omega_h$ 时，采样频谱的主分量与高频分量会产生频谱混叠，如图 4.4 所示。这

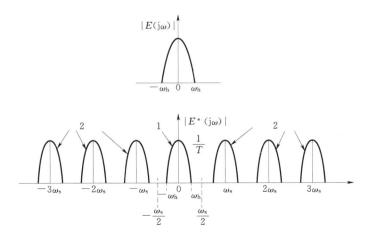

图 4.3　连续信号频谱$|E(\mathrm{j}\omega)|$与采样信号频谱$|E^*(\mathrm{j}\omega)|(\omega_\mathrm{s}>2\omega_\mathrm{h})$的比较

时，即使采用理想滤波器也无法恢复原来连续信号的频谱。因此，要从采样信号 $e^*(t)$ 完全复现出采样前的连续信号 $e(t)$，对采样角频率 ω_s 应有一定的要求，即带限信号不丢失信息的最低采样频率为 $f_\mathrm{s} \geqslant 2f_{\max}$，其中 $f_{\max}$ 为原来信号中最高频率成分，被称为奈奎斯特采样定理。

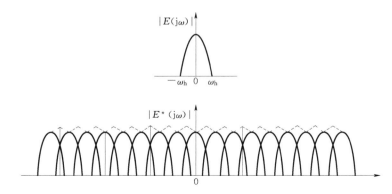

图 4.4　连续信号频谱$|E(\mathrm{j}\omega)|$与采样信号频谱$|E^*(\mathrm{j}\omega)|(\omega_\mathrm{s}<2\omega_\mathrm{h})$的比较

　　实际上，为了保证信号的质量，选用的采样频率经常大于采样定理所指出的最小采样频率，常选用信号最高频率的 3～4 倍。

　　2. 量化

　　量化又称幅值量化。由于计算机对数据位数进行了规定，把采样信号 $x(n\Delta t)$ 经舍入或截尾的方法变为只有有限个有效数字的数，这个过程称为量化。若取信号 $x(t)$ 可能出现的最大值 A，令其分为 D 个间隔，则每个间隔长度为 $R=A/D$。R 称为量化增量或量化步长。当采样信号 $x(n\Delta t)$ 落入其中一个间隔时，经过舍入或截尾方法变为有限值，则产生量化误差。量化误差呈等概率分布，其概率密度函数 $p(x)=\dfrac{1}{R}$。当舍入量化时，最大量化误差为 $\pm0.5R$；截尾量化时，最大量化误差为 $-R$。可见，量化增量越大，量化误差越大。量化增量的大小取决于计算机的位数，位数越高，量化增量越小，误差越小。目前，采样过程都是通过专门的模数转换期间 A/D 转换器来实现的。A/D 转换器的位数是一定的，一般为 8 位、12 位和 16 位。增加 A/D 转换位数可以减少量化误差，提高 A/D 转换精度。但位数的增加会直接影响数据转换速率，影响采样频率的提高。因此需综合考虑 A/D 转换器的选择。

3. 编码

编码是将离散幅值经过量化后变为二进制数字的过程。信号 $x(t)$ 经过上述变换以后，即变成了时间上离散、幅值上量化的数字信号。

4.1.2.2 数字信号预处理

A/D 转换后的数字信号需经适当预处理后方可进一步分析，预处理主要包括异常值处理和标定两方面的内容。

1. 异常值处理

在由传感器、A/D 转换的过程中，任何一个中间环节的瞬时失常或外界随机干扰都可能导致数字信号中含有异常值。数字信号的各种分析处理方法对异常的鲁棒性也各不相同，部分情况下，即使是一个异常值的存在也会在很大程度上影响处理结果，这就对异常值的识别和处理提出了要求。

3σ 规则是常用的异常值处理方法，该规则是基于测试数据的平稳状态假设。尽管平稳正态性过程具有广泛的代表性，但并非适用于所有的测试数据，因此 3σ 规则在处理实际问题时具有一定的局限性。异常值处理的其他方法还有很多，例如模式识别方法等。但在实际工况监视与故障诊断系统中，考虑到分析、诊断的实时性要求，必须在处理方法的简便性和有效性两方面进行权衡。

2. 标定

由于 A/D 转换及精度原因，各种检测信号在经 A/D 转换之前一般已被转换成标准电信号（4～20mA 电流信号或 1～5V 电压信号等），因此在对转换后的数字信号进行分析处理之前还需要通过适当的线性运算将采样值转换，并根据传感器灵敏度系数转换为实际物理量。

4.1.3 信号的截断及窗函数

4.1.3.1 信号的截断与泄漏效应

数字信号处理的主要数学工具是傅里叶变换。傅里叶变换是研究整个时间域和频率域的关系。然而，当运用计算机进行信号处理时，需要考虑到计算量的大小，不能对无限长的信号进行运算，只能选择有限的时间段进行分析。做法是从信号中截取一个时间片段，然后进行周期延拓处理，得到虚拟的无限长的信号。

周期延拓后的信号与真实信号存在误差。设余弦信号 $x(t)$ 在时域分布为无限长 $(-\infty, +\infty)$，当用矩形窗函数 $w(t)$ 与其相乘时，得到截断信号 $x_T(t) = x(t)w(t)$。根据傅里叶变换，余弦信号的频谱 $X(w)$ 是位于 w_0 处的 δ 函数，而矩形窗函数 $w(t)$ 的谱为 $\sin w$ 函数，按照频域卷积定理，截断信号 $x_T(t)$ 的谱 $X_T(\omega)$ 应为 $X_T(w) = \dfrac{1}{2\pi} X(\omega) W(\omega)$。

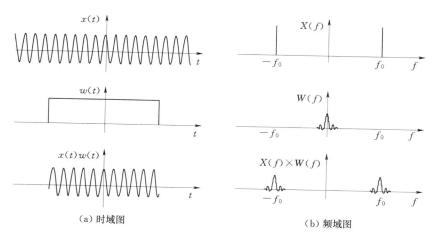

(a) 时域图   (b) 频域图

图 4.5　余弦信号的截断及能量泄漏现象

将截断信号的谱 $x_T(\omega)$ 与原始信号的谱 $X(\omega)$ 相比较可知，它由原来的两条谱线变成两段振荡的连续谱，如图 4.5 所示。这表明原来的信号截断以后频谱发生了畸变，原来集中在 f_0 处的能量被分散到两个较宽的频带中去，这种现象称之为频谱能量泄漏。

信号截断后产生的能量泄漏现象是必然的，因为窗函数 $w(t)$ 是一个频带无限的函数，所以即使原信号 $x(t)$ 是有限带宽信号，其在截断以后也必然成为无限带宽的函数，即信号在频域的能量与分布被扩展了。如果增大截断长度 T，即矩形窗口加宽，则窗谱 $W(\omega)$ 将被压缩变窄。虽然从理论上讲，其频谱范围仍为无限宽，但实际上中心频率以外的频率分量衰减较快，因而泄漏误差将减小。当窗口宽体 T 趋于无穷大时，则谱窗 $W(\omega)$ 将变为 $\delta(\omega)$ 函数，而 $\delta(\omega)$ 与 $X(\omega)$ 的卷积仍为 $X(\omega)$。这说明，如果窗口无限宽，即不截断就不存在泄漏误差。

4.1.3.2　窗函数

为了防止泄露效应对真实频率成分的淹没和虚假的出现，可采用不同的截取函数对信号进行截断，截断函数称为窗函数，简称为窗。加窗就是把时域中采样记录信号两端潜在的不连续性信号变得平滑，即进行信号加权，抑制高频"毛刺"出现。所选择的窗函数应力求其频谱的主瓣宽度窄些、旁瓣幅度小些。窄的主瓣可以提高频率分辨力，小的旁瓣可以减小泄漏。窗函数的优劣大致从最大旁瓣峰值与主瓣峰值之比、最大旁瓣 10 倍频程衰减率和主瓣宽度等三个方面来评价。

实际应用的窗函数主要类型有幂窗、三角函数窗和指数窗。

幂窗就是采用时间变量某种幂次的函数，如矩形、三角形、梯形或其他时间的高次幂；三角函数窗是应用三角函数，即正弦或余弦函数等组合成复合函数，如汉宁窗、海明窗；指数窗则采用指数时间函数，如高斯窗等。

下面介绍几种常用窗函数的性质和特点。

1. 矩形窗

矩形窗属于时间变量的零次幂窗，是使用最多的窗。习惯上不加窗就是使信号通过了矩形窗。这种窗的优点是主瓣最窄，缺点是旁瓣较高，并有负旁瓣（图 4.6），会导致变换中带进高频干扰和泄漏，甚至出现负谱现象。在需要获得精确频谱主峰的所在频率，而对幅值精度要求不高的场合，可选用矩形窗。

矩形窗的时域形式可以表示为

$$w(t)=\begin{cases} \dfrac{1}{T}, & |t|\leqslant T \\ 0, & |t|>T \end{cases} \tag{4-11}$$

它的频域特性为

$$W(\omega)=\frac{2\sin(\omega T)}{\omega T} \tag{4-12}$$

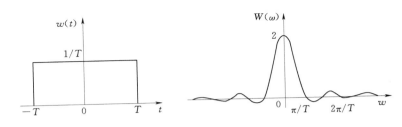

图 4.6　矩形窗及其频谱特性

2. 三角窗

三角窗亦称费杰窗，是幂窗的一次方形式，是最简单的窗谱为非负的一种窗函数。其定义为

$$\omega(t)=\begin{cases} \dfrac{1}{T}\left(1-\dfrac{|t|}{T}\right), & |t|\leqslant T \\ 0, & |t|>T \end{cases} \tag{4-13}$$

其相应的窗谱为

$$W(\omega)=\left[\frac{\sin(\omega T/2)}{\omega T/2}\right]^2 \tag{4-14}$$

三角窗（图 4.7）与矩形窗相比较，主瓣宽度为 $\dfrac{8\pi}{N}$，比矩形窗函数的主瓣宽度增加了一倍，但旁瓣小，而且无负旁瓣。

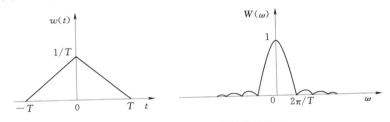

图 4.7　三角窗及其频谱特性

3. 汉宁窗

汉宁窗又称升余弦窗，其时域表达式为

$$\omega(t)=\begin{cases}\dfrac{1}{T}\left(\dfrac{1}{2}+\dfrac{1}{2}\cos\dfrac{\pi t}{T}\right),|t|\leqslant T\\0,|t|>T\end{cases}\tag{4-15}$$

其相应的窗谱为

$$W(\omega)=\frac{\sin\omega T}{\omega T}+\frac{1}{2}\left[\frac{\sin(\omega T+\pi)}{\omega T+\pi}+\frac{\sin(\omega T-\pi)}{\omega T-\pi}\right]\tag{4-16}$$

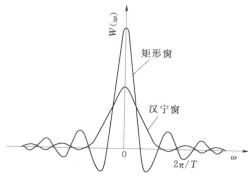

图 4.8　汉宁窗与矩形窗频谱特性图

汉宁窗（图 4.8）可以看做是 3 个矩形时间窗的频谱之和，括号中的两项相对于第一个谱窗分别向左、右各移动了 $\dfrac{\pi}{T}$，从而使旁瓣互相抵消。汉宁窗函数的最大旁瓣值比主瓣值低 31dB，但是主瓣宽度比矩形窗函数的主瓣宽度增加了 1 倍，为 $8\pi/N$。与矩形窗相比，汉宁窗主瓣加宽并降低，旁瓣显著减小。此外，汉宁窗的旁瓣衰减速度也较快。从减少泄漏的观点出发，汉宁窗优于矩形窗。但汉宁窗主瓣加宽，相当于分析带宽加宽，频率分辨力下降。

4. 海明窗

海明窗也是余弦窗的一种，又称改进的升余弦窗，其时间函数表达式为

$$\omega(t)=\begin{cases}\dfrac{1}{T}\left(0.54+0.4\cos\dfrac{\pi t}{T}\right),|t|\leqslant T\\0,|t|>T\end{cases}\tag{4-17}$$

其相应的窗谱为

$$W(\omega)=1.08\frac{\sin\omega T}{\omega T}+0.46\left[\frac{\sin(\omega T+\pi)}{\omega T+\pi}+\frac{\sin(\omega T-\pi)}{\omega T-\pi}\right]\tag{4-18}$$

海明窗与汉宁窗都是余弦窗，只是加权系数不同。海明窗加权的系数能使旁瓣更小，最大旁瓣值比主瓣值低 41dB，但它和汉宁窗函数的主瓣宽度一样大。海明窗的频谱也是由 3 个矩形时间窗的频谱合成，但其旁瓣的衰减速度比汉宁窗的慢。

5. 高斯窗

高斯窗是一种指数窗。其时域函数为

$$\omega(t)=\begin{cases}\dfrac{1}{T}\mathrm{e}^{-at^2},|t|\leqslant T\\0,|t|>T\end{cases}\tag{4-19}$$

式（4-19）中 a 为常数，决定了函数曲线衰减的快慢。a 值如果选取适当，可使截断点（T 为有限值）处的函数值比较小，从而使截断造成的影响比较小。高斯窗谱无负的旁瓣，第一旁瓣衰减达 -55dB。高斯窗谱的主瓣较宽，故频率分辨力低。高斯窗函数常被用来截断一些非周期信号，如指数衰减信号。

除了以上几种常用的窗函数以外，尚有多种窗函数，如平顶窗、帕仁窗、布拉克曼

窗、凯塞窗等。对于窗函数的选择，应考虑被分析信号性质与处理要求。如果仅要求精确读出主瓣频率，而不考虑幅值精度，则可选用主瓣宽度比较窄而便于分辨的矩形窗，例如测量物体的自振频率等；如果分析窄带信号，且有较强的干扰噪声，则应选用旁瓣幅度小的窗函数，如汉宁窗、三角窗等；对于随时间按指数衰减的函数，则可采用指数窗来提高信噪比。

4.2　状态监测信号的特征提取

水力机组状态监测信号经过信号预处理后，变为有限时间段的数字信号，下一步需要对信号进行特征提取，建立信号特征与机组运行状态和故障类型之间的映射关系。主要方法有时域分析、频域分析和时频域分析。

4.2.1　时域分析

4.2.1.1　波形分析

时域波形图是传感器信号经放大、滤波、A/D 变换等处理后，根据离散数据作出的信号幅值随时间变化的图形。波形图是最原始的信号，可以初步观察信号的周期和幅值分布范围等特性，具有直观、易于理解等特点。缺点是不太容易看出信号与故障的关系。对于某些故障信号，时域波形也有明显特征，这时可以利用波形图作初步判断。例如对于旋转机械，当不平衡故障比较严重时，信号中有明显的以转频为特征的周期成分。而当故障轻微或信号中混有较大干扰噪声时，载有故障信息的波形特征就会被淹没。

通过波形图，可以看到信号幅值随时间变化的规律，同时还可提取若干数字特征来描述信号的状态，如均值、方差、均方根值、峰值平均值等。

1. 均值

$$\overline{X} = \frac{1}{N} \sum_{i=1}^{N} x_i \tag{4-20}$$

式中　N——信号样本点数。

均值反映了信号中不随时间而变化的静态分量或称为直流分量。该值越大，表示信号越强。取几组不同运行时期的两段数据，若前后变化相差较大，则可能存在故障。

2. 方差

方差计算了信号幅值偏离均值的平方均值，体现了信号中动态分量的特征。该值越大，表示信号幅值的离散程度越高，线性度越差。方差计算为

$$\sigma_x^2 = \frac{1}{N} \sum_{i=1}^{N} (x_i - \overline{x})^2 \tag{4-21}$$

3. 均方根值

均方根值反映了信号的功率大小，计算为

$$X_{rms} = \sqrt{\frac{1}{N} \sum_{i=1}^{N} x_i^2} \tag{4-22}$$

4. 峰值平均值

峰值平均值反映了信号中幅值的最大波动程度，代表波形中峰值的平均值。该值越大，表示信号在旋转一周内的波动越剧烈，信号不稳定，计算为

$$X_{p-p} = \max|x_i| - \min|x_i| \tag{4-23}$$

4.2.1.2　自相关分析

信号的相关性是反映信号波形相互联系紧密程度的一种函数。均值、方差等反映的是随机信号幅值的统计规律，而相关可更深入地揭示信号的波形结构。

自相关函数描述了当前时刻的信号与时间坐标移动了 τ 之后的信号间的相似程度，建立了随机信号一个时刻与另一个时刻幅值之间的依赖关系。从自相关函数的图形可分析信号的构成性质，减少噪声对有用信号的干扰。表达形式为

$$R_x(\tau) = \lim_{T \to \infty} \frac{1}{T} \int_0^T x(t)x(t+\tau)\mathrm{d}t \tag{4-24}$$

由自相关函数定义可知，如果信号在时间间隔很小时幅值之间的差异很大，则这一信号的变化就剧烈，自相关函数值很小；反之，如果信号变化缓慢，自相关函数值则很大。

在工程实际中，通常应用的是离散数据。离散数据 x_i，$i=1$，2，$\cdots$，N 在 i 时刻和 $i+m$ 时刻的相关函数为

$$R_x(m\Delta t) = \frac{1}{N-m} \sum_{i=1}^{N-m} x_i x_{i+m}, m = 0,1,2,\cdots,M, \text{其中} M < N \tag{4-25}$$

式中　N——采样点数；

$\quad\quad x_i$——时间序列；

$\quad\quad M$——最大时延数；

$\quad\quad \Delta t$——离散数据序列中相邻数据之间的时间间隔。

从定义可以推演出自相关函数的主要性质如下：

（1）自相关函数是 τ 的偶函数，对称于纵坐标轴。

（2）当 $\tau=0$ 时，自相关函数最大。因为此时 $x(t)$ 与 $x(t+\tau)$ 完全重合，相关性最强。数值等于 $x(t)$ 的均方值。

（3）周期信号的自相关函数也是周期函数，且频率相同。正弦信号的自相关函数是同频的余弦信号，其幅值和频率不变，初相位信息丢失。因此，若信号中含有周期成分，其自相关函数中也必定含有同频的周期成分。可凭此鉴别信号中的周期成分。

（4）随机信号中含有直流分量，则 $\lim_{|\tau| \to \infty} R_x(\tau) = \mu_x^2$，$\mu_x$ 为信号 $x(t)$ 的均值；不含直流分量时，$\lim_{|\tau| \to \infty} R_x(\tau) = 0$。说明当时移趋于无限大时，$x(t)$ 与 $x(t+\tau)$ 毫不相关。

（5）窄带随机信号衰减慢，宽带随机信号衰减快。如果信号包含所有频率成分即白噪声，自相关函数为过原点的 δ 函数。

（6）若定义自相关系数 $\rho_x(\tau) = R_x(\tau)/R_x(0)$，则 $|\rho_x(\tau)| \leqslant 1$。$R_x(\tau)$ 是有量纲的，与信号的功率密切相关，不同波形的自相关程度很难相互比较；而 $\rho_x(t)$ 是无量纲参数，作为相关性的度量则具有可比性。

自相关函数的直接计算方法是根据定义直接计算相隔某时延数的离散数据点的平均乘积，然后以此作为自相关函数的估计。时间滞后 $m\Delta t$ 处的自相关函数如式（4-26）表

示为

$$R_x(m\Delta t) = \frac{1}{N}\sum_{i=1}^{N-m} x_i x_{i+m} \qquad (4-26)$$

这样计算得到的是自相关函数的有偏估计，当 N 很大且 $m \ll N$ 时，误差很小。当 $m = (0.1 \sim 0.2)N$ 时，误差可以忽略不计。

自相关函数可用于在噪声信号中找出周期信号和瞬时信号。例如新设备或运行正常的设备，其振动信号的自相关函数往往与宽带随机噪声的自相关函数相近；而当有故障，特别是出现周期性冲击故障时，自相关函数就会出现较大峰值。

4.2.1.3 互相关分析

对于两组信号，可用互相关函数来表征它们之间幅值的相互关系。假设 $x(t)$ 和 $y(t)$ 是各态历经的两个随机信号，则互相关函数为

$$R_{xy}(\tau) = \lim_{T \to \infty} \frac{1}{T}\int_0^T x(t)y(t+\tau)\mathrm{d}t \qquad (4-27)$$

显然，自相关函数只是互相关函数的一种特殊情况。

离散数据互相关函数为

$$R_{xy}(m\Delta t) = \frac{1}{N-m}\sum_{i=1}^{N-m} x(i)y(i+m) \qquad (4-28)$$

式中　　　N——采样点数；

$x(i)$、$y(i)$——时间序列；

　　　　M——最大时延数；

　　　　Δt——离散数据序列中相邻数据之间的时间间隔。

1. 互相关函数

互相关函数有以下性质：

(1) $R_{xy}(\tau)$ 为非奇非偶函数，且满足 $R_{xy}(\tau) = R_{yx}(-\tau)$。

(2) 同频的两周期信号的互相关函数也是具备相同频率的周期信号，而且保留了原信号的相位信息。利用这个性质可以检测隐藏在噪声中的有规律信号。

(3) 非同频的周期信号互不相关。

(4) 两信号互相关函数模的平方总是小于或等于其自相关函数峰值的乘积，两信号互相关函数的模总是小于或等于其自相关函数峰值和的一半，即

$$|R_{xy}(\tau)|^2 \leqslant R_x(0)R_y(0) \qquad (4-29)$$

$$|R_{xy}(\tau)| \leqslant \frac{1}{2}[R_x(0) + R_y(0)] \qquad (4-30)$$

(5) 当 $x(t)$ 和 $y(t)$ 为随机信号时，

$$R_{xy}(\tau) = \mu_x\mu_y \qquad (4-31)$$
$$R_{xy}(\tau) = 0$$

若两信号零均值，则 $\tau \to \infty$

(6) 若定义互相关系数 $\rho_{xy}(\tau) = \dfrac{R_{xy}(\tau)}{\sqrt{R_x(0)R_y(0)}}$，则 $|\rho_{xy}(\tau)| \leqslant 1$。互相关系数是一个无

量纲的物理量，因不必知道测试系统的标定系数和物理单位，在信号分析中得到了广泛的应用。

与自相关函数的直接计算方法一样，互相关函数的估计 R_{xy} 和 R_{yx} 为

$$\hat{R}_{xy}(m\Delta t) = \frac{1}{N-m}\sum_{i=1}^{N-m} x_i y_{i+m}$$

$$\hat{R}_{yx}(m\Delta t) = \frac{1}{N-m}\sum_{i=1}^{N-m} y_i x_{i+m} \tag{4-32}$$

当 N 很大，且 $m \ll N$ 时，可用较简单的近似公式计算，误差不大。

$$\hat{R}_{xy}(m\Delta t) = \frac{1}{N}\sum_{i=1}^{N-m} x_i y_{i+m} \tag{4-33}$$

2. 互相关函数应用

互相关函数比自相关函数包含更多原信号中的信息，因此应用更为广泛。从原理上来说，主要有以下几个方面的应用：

（1）系统滞后时间测量。假设信号通过一线性系统，现要测定系统输出滞后输入的时间。可以通过计算输入和输出信号的互相关函数，互相关函数峰值偏离原点的时间位移就是该滞后时间。当存在多通道传递信号的情况时，可据此直接确定传递的通道。

（2）互相关函数在监测诊断技术中最重要的应用是同频检测技术。应用互相关函数，可实现在多种信号中，把感兴趣的某些特定频率信号的幅值和相位检测出来，而将非同频信号滤掉，提取混有外界噪声的周期信号。因为同频的两周期信号的互相关函数仍为相同频率的周期信号。

4.2.2 频域分析

4.2.2.1 频谱分析

信号的时域参数相同，并不能说明信号就完全相同。因为信号不仅随时间变化，还与频率、相位等信息有关。因此，为了通过所测信号了解机组的动态行为，就需要进一步分析信号的频率结构，并在频率域中对信号进行描述。频域分析的手段主要为频谱分析（图4.9），即把复杂的时间历程波形通过傅里叶级数和傅里叶变换分解为若干单一的谐波分量来研究，以获得信号的频率结构以及各谐波的幅值和相位信息。

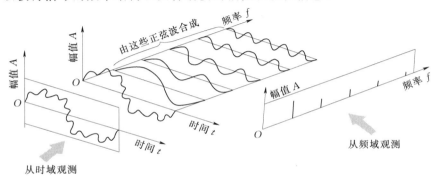

图 4.9　频谱分析

频谱分析得到的最终结果是频谱图。频谱图分为离散谱与连续谱。周期性及准周期信号经频谱分析后得到的是离散谱，非周期信号及随机信号进行频谱分析后得到的是连续谱。通过频谱图可以看出信号中的频率成分和各频率对应的幅值，并发现异常频率成分。通过分析频率和能量分布以及特征频率，可初步判断机组是否发生故障。

频谱分析包括幅值谱分析、相位谱分析和功率谱分析。

1. 周期信号的频谱分析

任一周期信号 $x(t)$ 都可以展开成各次谐波分量之和，即

$$x(t) = A_0 + \sum_{n=1}^{\infty} \left[A_n \cos(n\omega_0)t\cos\varphi_n + A_n \sin(n\omega_0)t\sin\varphi_n \right] \qquad (4-34)$$

式中　　A_0——与时间无关的直流分量；

ω_0——基频。

以频率为横坐标，各种频率下所对应的幅值和相位为纵坐标作图，便可得到如图 4.10 所示的离散幅值谱和离散相位谱。

从图 4.10 可以看出，周期信号的频谱图有如下性质：

（1）周期信号的频谱是由不连续的线条组成，每条线代表一个正弦或余弦的谐波分量，通常称这样的谱线为离散谱。

（2）频谱中的每一条谱线只能出现在基频 ω_0 整数倍的频率上。

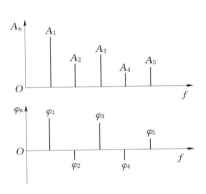

图 4.10　离散幅值谱和离散相位谱

2. 非周期信号的频谱分析

非周期信号中的准周期信号，因为它是由有限个频率不成整数的正弦信号叠加而成，其频谱图和周期信号的情况相似，也是离散的，所不同的则是它的谱线并不是以 ω_0 为间隔分布的。因此，对非周期信号的频域描述主要以瞬变信号为对象进行讨论。

非周期信号一般为时域有限信号，具有收敛可积条件，其能量为有限值。这种信号频域分析的数学手段是傅里叶变换，其表达式为

$$X(\omega) = \int_{-\infty}^{\infty} x(t)\mathrm{e}^{-\mathrm{i}\omega t} \mathrm{d}t \qquad (4-35)$$

对式（4-35）进行分析可知，由于非周期信号的周期趋于无限大，基频 $\omega_0 \rightarrow \mathrm{d}\omega$，所以频谱包含了从零到无限大的所有频率分量，各频率分量的幅值为 $X(\omega)\mathrm{d}\omega/2\pi$，这是无穷小量，所以频谱不能再用幅值表示，必须用频谱密度函数来描述。

频谱密度函数 $X(\omega)$ 即单位频带内的信号幅度，它表示信号在该频率点上的分量的相对大小，而信号在此频率点上的实际分量大小为零，具体表达式为

$$|X(\omega)| = \sqrt{\mathrm{Re}^2[X(\omega)] + \mathrm{Im}^2[X(\omega)]}$$
$$\varphi(\omega) = \arctan \frac{\mathrm{Im}[X(\omega)]}{\mathrm{Re}[X(\omega)]} \qquad (4-36)$$

$|X(\omega)|$ 为信号 $x(t)$ 的幅值谱密度，$\varphi(\omega)$ 为信号的相位谱密度。

图 4.11 为某非周期信号的幅值谱和相位谱。由图 4.11 可见，两者都是连续谱。

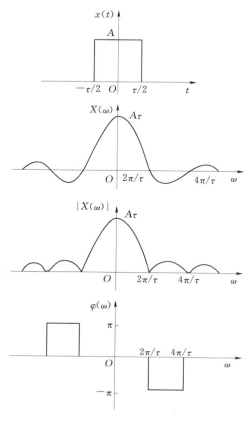

图 4.11　矩形脉冲的频谱

3. 功率谱分析

一个信号在时域和频域中的描述是相互对应的。时域中的相关分析为在噪声背景下提取有用信息提供了途径。与之相对应的，就是频域中的功率谱分析，它从频域角度提供了相关函数的信息，表征了能量按频率的分布情况，是平稳随机过程的重要方法。

自功率谱函数是自相关函数 $R_x(\tau)$ 的傅里叶变换，记为 $S_x(f)$。

$$S_x(f) = \int_{-\infty}^{\infty} R_x(\tau) e^{-iw\tau} d\tau \qquad (4-37)$$

自功率谱有如下性质：

（1） $S_x(f)$ 为偶函数，图像对称于纵坐标轴。

（2） $S_x(f)$ 是在 $(-\infty, +\infty)$ 频率范围内的功率谱，谱图对称分布，称为双边谱。但在实际应用中，频谱范围都在 $(0, +\infty)$ 范围内，按能量等效，用单边谱 $G_x(f)$ 代替双边谱 $S_x(f)$ 时，要求 $G_x(f) = 2S_x(f)$。

（3） 功率谱 $S_x(f)$ 与幅值谱满足

$$S_x(f) = \lim_{T \to \infty} \frac{1}{2T} |X(f)|^2 \qquad (4-38)$$

式 （4-38） 可知，$S_x(f)$ 的计算可以先求出自相关函数 $R_x(\tau)$，再进行傅里叶变换；也可以先做傅里叶变换，得到幅值谱 $X(f)$，再由式 （4-38） 计算可得。

自功率谱是机械故障诊断中常用的频谱分析方法。因为一般机械设备正常运行时振动和噪声信号都是平稳的，统计参数不随时间的变化而变化，消耗功率也基本稳定。但出现故障时，振动、噪声的强度会有所变化，功率谱有特别大的峰值。

互功率谱函数 $S_{xy}(f)$ 是互相关函数 $R_{xy}(\tau)$ 的傅里叶变换。

$$S_{xy}(f) = \int_{-\infty}^{\infty} R_{xy}(\tau) e^{-iw\tau} d\tau \qquad (4-39)$$

为了评价输入信号 $x(t)$ 和输出信号 $y(t)$ 之间的因果关系，即输出信号的功率谱中有多少频率成分是由输入量引起的，通常用相干函数描述。相干函数是在频域内鉴定两信号相关程度的指标。

$$\gamma_{xy}^2(f) = \frac{|S_{xy}(f)|^2}{S_x(f) S_y(f)} \qquad (4-40)$$

式中　$S_x(f)$、$S_y(f)$ ——$x(t)$ 和 $y(t)$ 的双边自功率谱密度函数；

　　　　$S_{xy}(f)$ ——$x(t)$ 和 $y(t)$ 的双边互功率谱密度函数。

互相干函数 $\gamma_{xy}^2(f)$ 是频率的函数。若 $\gamma_{xy}^2(f)=1$，则表示 $x(t)$ 和 $y(t)$ 是完全相干的；若 $\gamma_{xy}^2(f)=0$，则表示 $x(t)$ 和 $y(t)$ 在这些频率上不相干。若 $0<\gamma_{xy}^2(f)<1$，则有三种可能：①测试中混进了噪声干扰；②$y(t)$ 是 $x(t)$ 和其他输入的综合输出；③被测试的系统是一个非线性系统。

4.2.2.2　离散傅里叶变换

傅里叶变换旨在建立以时间为自变量的"信号"与以频率为自变量的"频率函数"之间的某种变换关系，是信号频谱分析的基础。由于分析信号不同，所采用的傅里叶变换形式也不同。主要是根据所测信号在时域和频域上是连续的还是离散的。水力机组所测信号多为离散信号，故本节主要介绍离散傅里叶变换（DFT）。

如图 4.12 所示，离散傅里叶变换的具体过程可分为以下 3 步。

（1）时域抽样。为了将所测信号离散化，将原连续信号与等间隔周期脉冲序列相乘，使得信号的频谱被周期延拓。

（2）时域截断。由于计算机无法处理时间无限长的信号，所以通过窗函数（一般用矩形窗）对信号进行逐段截取。

（3）时域周期延拓。由于截断后的离散时间序列频谱变成了连续、无限长的频谱，无法在计算机上处理，为了使频率离散，就要使时域变成周期信号。通过将截断后信号与 $\delta(t-nT_s)$ 卷积来实现周期延拓，延拓后的周期函数具有离散谱。

经抽样、截断和延拓后，信号时域和频域都是离散的、周期的。

由图 4.12 可见，离散傅里叶变换将原来的时间函数和频率函数都变成了周期函数，而 N 个时间序列值和 N 个频率采样值分别表示时域波形和频域波形的一个周期。

1. 离散傅里叶变换的理论推导

对于一个周期序列 $\tilde{x}(n)$，截取它的第一个周期的有限长序列称为这一周期序列的主值序列，用 $\tilde{x}(n)$ 表示，即

$$x(n)=\begin{cases}\tilde{x}(n), & 0\leqslant n\leqslant N-1 \\ 0, & \text{其他 } n\end{cases} \tag{4-41}$$

周期序列 $\tilde{x}(n)$ 可以看做是有限长序列 $x(n)$ 的周期延拓，满足

$$\tilde{x}(n)=\sum_{r=-\infty}^{\infty}x(n+rN) \tag{4-42}$$

同理，有限长序列 $X(k)$ 和离散傅里叶级数系数组成的周期序列 $\tilde{X}(k)$ 满足

$$X(k)=\begin{cases}\tilde{X}(k), & 0\leqslant k\leqslant N-1 \\ 0, & \text{其他 } k\end{cases} \tag{4-43}$$

$$\tilde{X}(k)=\sum_{r=-\infty}^{\infty}X(k+rN) \tag{4-44}$$

根据离散傅里叶级数的公式，可知

$$\tilde{X}(k)=DFS[\tilde{x}(n)]=\sum_{n=0}^{N-1}\tilde{x}(n)W_N^{nk} \tag{4-45}$$

$$\tilde{x}(n)=IDFS[\tilde{X}(k)]=\frac{1}{N}\sum_{k=0}^{N-1}\tilde{X}(k)W_N^{-nk} \tag{4-46}$$

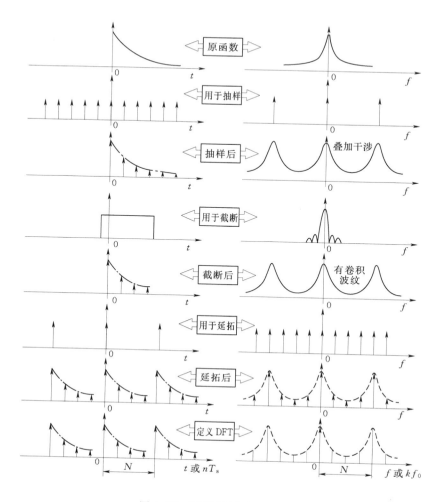

图 4.12　DFT 推导过程示意图

由式（4-46）可知，离散傅里叶级数的求和只限定在 $n=0\cdots N-1$ 和 $k=0\cdots N-1$ 的主值区间上进行。因此可得到新的定义，即有限序的离散傅氏变换的定义。

$$X(k)=\mathrm{DFT}[x(n)]=\sum_{n=0}^{N-1}x(n)W_{N}^{nk} \tag{4-47}$$

$$x(n)=\mathrm{IDFT}[X(k)]=\frac{1}{N}\sum_{k=0}^{N-1}X(k)W_{N}^{-nk} \tag{4-48}$$

式（4-47）为离散傅里叶正变换计算公式，可用符号 DFT 表示，式（4-48）为离散傅里叶逆变换计算公式，可用符号 IDFT 表示。由上述公式可见，离散傅里叶变换的时域和频域都是有限长、离散的，故可用计算机完成两者间的变换，这是离散傅里叶变换的最大优点之一。

2. 快速傅里叶算法

DFT 是频谱分析的基本方法，在水力机组的故障诊断中也得到了广泛的应用。其计算结果是机组故障识别的重要特征。DFT 的计算结果为复数形式，包含了信号频域的幅值和相位信息。通常提取其功率谱密度函数来观察信号包含的频谱分布以及在各频率点上的能量分布。根据功率谱密度函数的计算公式，可知最基本的方法是先计算自相关函数或互相关函数，然后再进行傅里叶变换。但是这种方法计算量非常繁琐，还受序列长度影响。随着计算机硬件水平的提高，目前多倾向于运用快速傅里叶算法来进行 DFT 的计算。

离散傅里叶正变换和离散傅里叶逆变换的差别只在于 W_N 的指数符号不同，以及差一个常数乘因子 $\dfrac{1}{N}$。本书只讨论离散傅里叶正变换的运算。

根据 DFT 的计算公式可知，在所有复指数值 W_N^{kn} 的值全部已算好的情况下，要计算一个 $X(k)$ 需要 N 次复数乘法和 $N-1$ 次复数加法。算出全部 N 点 $X(k)$ 共需 N^2 次复数乘法和 $N(N-1)$ 次复数加法。即计算量是与 N^2 成正比的。快速傅里叶算法的基本思想是将大点数的 DFT 分解为若干个小点数 DFT 的组合，从而减少运算量。

W_N 因子具有两个特性，可使 DFT 运算量尽量分解为小点数的 DFT 运算，即：①周期性 $W_N^{(k+N)n}=W_N^{kn}=W_N^{(n+N)k}$；②对称性 $W_N^{(k+N/2)}=-W_N^k$。利用这两个性质，可以使 DFT 运算中有些项合并，以减少乘法次数。

FFT 的算法形式有很多种，基本上可以分为两大类：按时间抽取（DIT）和按频率抽取（DIF）。这里只介绍按时间抽选的基－2FFT 算法。

为了将大点数的 DFT 分解为小点数的 DFT 运算，要求序列的长度 N 为复合数，最常用的是 $N=2^M$ 的情况（M 为正整数）。这种算法称为基 2FFT 算法。

先将序列 $x(n)$ 按奇偶项分解为两组

$$\begin{cases} x(2r)=x_1(r) \\ x(2r+1)=x_2(r),r=0,1,\cdots,\dfrac{N}{2}-1 \end{cases} \tag{4-49}$$

将 DFT 运算也相应分为两组

$$\begin{aligned}
X(k) &= \text{DFT}[x(n)] = \sum_{n=0}^{N-1} x(n)W_N^{kn} \\
&= \sum_{\substack{n=0 \\ n为偶数}}^{N-1} x(n)W_N^{kn} + \sum_{\substack{n=0 \\ n为奇数}}^{N-1} x(n)W_N^{kn} \\
&= \sum_{r=0}^{N/2-1} x(2r)W_N^{2rk} + \sum_{r=0}^{N/2-1} x(2r+1)W_N^{(2r+1)k} \\
&= \sum_{r=0}^{N/2-1} x_1(r)W_N^{2rk} + W_N^k \sum_{r=0}^{N/2-1} x_2(r)W_N^{2rk} \\
&= \sum_{r=0}^{N/2-1} x_1(r)W_{N/2}^{rk} + W_N^k \sum_{r=0}^{N/2-1} x_2(r)W_{N/2}^{rk} \quad （因为 W_N^{2rk}=W_{N/2}^{rk}） \\
&= X_1(k) + W_N^k X_2(k) \tag{4-50}
\end{aligned}$$

至此，一个 N 点 DFT 被分解为两个 $N/2$ 点的 DFT。

由式子 $X(k)=X_1(k)+W_N^k X_2(k)$ 可得

$$X(k+N/2)=X_1(k+N/2)+W_N^{k+N/2}X_2(k+N/2) \tag{4-51}$$

化简后为

$$X(k+N/2)=X_1(k)-W_N^k X_2(k), k=0,1,\cdots,\frac{N}{2}-1 \tag{4-52}$$

这样 N 点 DFT 可全部确定出来，即

$$\begin{cases} X(k)=X_1(k)+W_N^k X_2(k) \\ X(k+N/2)=X_1(k)-W_N^k X_2(k) \end{cases}, k=0,1,\cdots,\frac{N}{2}-1 \tag{4-53}$$

通过这样的分解以后，每一个 $N/2$ 点的 DFT 只需要 $\left(\dfrac{N}{2}\right)^2=\dfrac{N^2}{4}$ 次复数乘法，两个 $N/2$ 点的 DFT 需要 $2\left(\dfrac{N}{2}\right)^2=\dfrac{N^2}{2}$ 次复乘，再加上将两个 $N/2$ 点 DFT 合并成为 N 点 DFT 时有 $N/2$ 次与 W 因子相乘，一共需要 $\dfrac{N^2}{2}+\dfrac{N}{2}\approx\dfrac{N^2}{2}$ 次复乘。可见，通过这样的分解，运算量节省了近一半。

因为 $N=2^M$，$N/2$ 仍然是偶数，因此可以对两个 $N/2$ 点的 DFT 再分别作进一步的分解，将两个 $N/2$ 点的 DFT 分解成两个 $N/4$ 点的 DFT，一共可进行 M 次分解，构成了从 $x(n)$ 到 $X(k)$ 的 M 级运算过程。每一级运算都需要 $N/2$ 次复乘和 N 次复加，则按时间抽取的 M 级运算后总共需要 $\dfrac{N}{2}\log_2 N$ 次复数乘法和 $N\log_2 N$ 次复数加法。

由上述分析可知，基 2FFT 法所需复数运算次数近似与 $N\log_2 N$ 成正比，速度明显高于 DFT，适合于工程实时监测。

4.2.3 信号的时频域分析

4.2.3.1 非平稳随机信号

在信号处理中，信号一般可以分为确定性信号和随机信号两大类。而随机信号又可以分为平稳和非平稳两大类。信号的平稳或非平稳主要是根据信号的统计量特征来衡量的。若信号的统计量随时间变化，则称该信号为非平稳信号或时变信号。

传统信号处理理论研究的对象大多限于平稳信号，最常用的分析和处理方法是傅里叶变换。信号的傅里叶正反变换实现了信号在时域和频域内的转换。但是，许多实际应用中的信号都是非平稳信号。当处理非平稳信号时，传统的傅里叶变换不能提供对这些信号频谱时变特性的有效分析和处理，也就是说，频谱和功率谱并不能清楚地描述信号的某个频率分量出现的具体时间及其变化趋势。

为了分析和处理非平稳信号，众多学者由傅里叶变换入手，提出并发展了一系列新的信号分析理论，时频分析就是其中比较成熟和重要的一种。时频域分析的基本思想是设计时间和频率的联合函数，用它同时描述信号在不同时间和频率的能量密度或强度，提供了时间域与频率域的联合分布信息，可以较清楚地描述信号的时变规律。

4.2.3.2 时频分析分类

时频分析方法按照时频联合函数的不同可分为线性时频和双线性时频表示两种。

1. 线性时频表示

这类时频分析方法是由傅里叶变换演化而来，变换满足线性。若 $x(t)=ax_1(t)+bx_2(t)$，a、b 为常数，而 $P(t,w)$、$P_1(t,w)$、$P_2(t,w)$ 分别为 $x(t)$、$x_1(t)$、$x_2(t)$ 的线性时频表

示，则

$$P(t,w)=aP_1(t,w)+bP_2(t,w) \tag{4-54}$$

常见的线性时频表示有短时傅里叶变换、Gabor 展开和小波变换等。短时傅里叶变换实际上就是加窗的傅里叶变换，随着窗函数在时间轴上滑动而形成信号的一种时频表示；Gabor 展开可以看做是短时傅里叶变换在时域和频域上进行取样的结果。对短时傅里叶变换和 Gabor 展开而言，窗函数是固定的，而小波变换则是一种窗函数宽度可以随频率改变的时频表示。

2. 双线性时频表示

双线性时频表示又称为二次型时频表示，反映的是信号能量的时频分布，不满足线性。若 $x(t)=ax_1(t)+bx_2(t)$，a、b 为常数，而 $P(t,w)$、$P_1(t,w)$、$P_2(t,w)$ 分别为 $x(t)$、$x_1(t)$、$x_2(t)$ 的二次型时频表示，则

$$P(t,w)=|a|^2P_1(t,w)+|b|^2P_2(t,w)+2R_e[abP_{12}(t,w)] \tag{4-55}$$

式（4-55）中最后一项为干扰项，是二次型时频表示的一个固有属性。

双线性时频表示主要有 Cohen 族时频分布和仿射类双线性时频分布等。

4.2.3.3 瞬时频率和群延迟

在非平稳信号分析中，瞬时物理量往往起着重要的作用，瞬时频率和群延迟就是这样的物理量。对于任一时间只有一个频率的复信号 $x(t)$，该信号在不同时刻下的频率通常被称为信号的瞬时频率，用 $f_x(t)$ 表示。瞬时频率就是相位函数对时间的导数，信号谱的平均频率等于瞬时频率的时间平均。

$$f_x(t)=\frac{1}{2\pi}\frac{\mathrm{d}\{\arg[x(t)]\}}{\mathrm{d}t} \tag{4-56}$$

信号的群延迟 $t_x(\omega)=-\dfrac{\mathrm{d}\{\arg[x(\omega)]\}}{\mathrm{d}\omega}$，其中 $\arg[X(\omega)]$ 为信号 $x(t)$ 的相位谱。当信号 $x(t)$ 为一个线性时不变系统的冲激响应时，信号的群延迟可以理解为系统在频率 ω 处产生的时间延迟。但是，当非平稳信号变得复杂，即信号不满足任一时间只有一个频率的条件时，瞬时频率和群延迟的概念就存在一定的局限，此时就需要引入时频分析的方法。

4.2.3.4 信号分辨率和不确定原理

在信号处理尤其是非平稳信号处理中，窗函数常常起着关键的作用。所加窗函数能否正确反映信号的时频特性（即窗函数能否具有高的时间分辨率和频率分辨率），这与待分析信号的非平稳特性有关。记信号 $x(t)$ 的能量密度函数为 $|x(t)|^2$，能量谱密度函数为 $|X(\omega)|^2$。一般情况下，可以用 $|x(t)|^2$ 和 $|X(\omega)|^2$ 的二阶矩来表示信号的有效时宽 $D(t)$ 和有效频宽 $D(\omega)$。计算为

$$D(t)=\sqrt{\frac{1}{E}\int_{-\infty}^{\infty}t^2\,|\,x(t)\,|^2\mathrm{d}t} \tag{4-57}$$

$$D(\omega)=\sqrt{\frac{1}{2\pi E}\int_{-\infty}^{\infty}\omega^2\,|\,X(\omega)\,|^2\mathrm{d}\omega} \tag{4-58}$$

不确定原理，又称测不准原理或者 Heisenberg 不等式。数学描述为：对于有限能量

的任意信号，其时宽和频宽的乘积总是满足不等式 $D_\omega D_t \geqslant \dfrac{1}{2}$。因此，既有任意小的时宽，又有任意小的频宽的窗函数是不存在的，也就是说时频表示只能不同程度的近似表示信号在 (t,ω) 的能量密度。

4.2.4 短时傅里叶变换

最简单、直观的时频表示就是短时傅里叶变化（STFT）。STFT 的实质就是用一个固定的滑动窗把信号在时域上加以分段，将每个时刻的频谱按时间顺序排列以观察信号频谱分布的时变特性。

4.2.4.1 基本概念

对信号 $x(t)$ 给定一个时间宽度很短的窗函数 $w(t)$，则信号 $x(t)$ 的短时傅里叶变换为

$$\mathrm{STFT}_\mathrm{x}(w,t)=\int_{-\infty}^{\infty}x(t')w^*(t'-t)\mathrm{e}^{-\mathrm{i}\omega t'}\mathrm{d}t' \tag{4-59}$$

由式（4-59）可见，由于窗函数 $w(t)$ 的存在，使得短时傅里叶变换具有了局域特性。若 D_t 为窗函数的有效时间宽度，那么对于某一确定的时间，短时傅里叶变换给出了信号在 $\left[t-\dfrac{1}{2}D_t,\ t+\dfrac{1}{2}D_t\right]$ 时间段的频谱信息。当窗函数 $w(t)\equiv 1,\forall t$ 时，短时傅里叶变换就退化为传统的傅里叶变换。

令 $w_{\omega,t}(t')=w(t'-t)\mathrm{e}^{\mathrm{i}\omega t'}$，则式（4-59）可写为

$$\mathrm{STFT}_\mathrm{x}(\omega,t)=\int_{-\infty}^{\infty}x(t')w_{\omega,t}(t')\mathrm{d}t'=[x(t'),w_{\omega,t}(t')] \tag{4-60}$$

设 $w(t)$ 的傅里叶变换为 $W(\omega)$，它的中心为零，有效带宽为 D_ω，则 $w_{\omega,t}(t')$ 的傅里叶变换为

$$
\begin{aligned}
W_{\omega,t}(\omega') &=\int_{-\infty}^{\infty}w_{\omega,t}(t')\mathrm{e}^{-\mathrm{i}\omega't'}\mathrm{d}t'=\int_{-\infty}^{\infty}w(t'-t)\mathrm{e}^{\mathrm{i}\omega t'}\mathrm{e}^{-\mathrm{i}\omega't'}\mathrm{d}t'\\
&\overset{t''=t'-t}{=}\mathrm{e}^{-\mathrm{i}(\omega'-\omega)t}\int_{-\infty}^{\infty}w(t'')\mathrm{e}^{-\mathrm{i}(\omega'-\omega)t''}\mathrm{d}t''=W(\omega'-\omega)\mathrm{e}^{-\mathrm{i}(\omega'-\omega)t}
\end{aligned} \tag{4-61}
$$

可见，$W_{\omega,t}(\omega')$ 的中心变为 ω，有效带宽仍为 D_ω。

信号短时傅里叶变换的幅值的平方被称为频谱图，可用来描述信号时间-频率的能量分布。数学表达式为

$$S_\mathrm{x}(\omega,t)=|\mathrm{STFT}_\mathrm{x}(\omega,t)|^2 \tag{4-62}$$

正如傅里叶逆变换可以重构原信号一样，为了使短时傅里叶变换成为一种有实际价值的信号分析工具，信号 $x(t)$ 应该可以由 $\mathrm{STFT}_x(\omega,t)$ 重构出来。

假设对 $\mathrm{STFT}_x(\omega,t)$ 加窗函数 $v(t)$，产生信号 $z(t)$，则

$$z(t)=\frac{1}{2\pi}\int_{-\infty}^{\infty}\int_{-\infty}^{\infty}\mathrm{STFT}_\mathrm{x}(\omega,t')v(t-t')\mathrm{e}^{\mathrm{i}\omega t}\mathrm{d}t'\mathrm{d}\omega \tag{4-63}$$

将式（4-59）代入式（4-63）可得

$$z(t)=\frac{1}{2\pi}\int_{-\infty}^{\infty}\int_{-\infty}^{\infty}\left[\int_{-\infty}^{\infty}x(t'')w^*(t''-t)\mathrm{e}^{-\mathrm{i}\omega t''}\mathrm{d}t''\right]v(t-t')\mathrm{e}^{\mathrm{i}\omega t}\mathrm{d}t'\mathrm{d}\omega$$

$$= \int_{-\infty}^{\infty} \int_{-\infty}^{\infty} \left[\frac{1}{2\pi} \int_{-\infty}^{\infty} e^{-i\omega(t-t')} d\omega \right] x(t'') w^*(t''-t) dt'' v(t-t') dt'$$

$$= \int_{-\infty}^{\infty} \int_{-\infty}^{\infty} \delta(t-t') x(t'') w^*(t''-t) dt'' v(t-t') dt'$$

$$= x(t) \int_{-\infty}^{\infty} w^*(t-t') v(t-t') dt'$$

$$\overset{t''=t-t'}{=} x(t) \int_{-\infty}^{\infty} w^*(t'') v(t'') dt''$$

$$= x(t) \int_{-\infty}^{\infty} w^*(t) v(t) dt \qquad (4-64)$$

要是信号能够重构，即要求 $z(t) = x(t)$，则必须满足

$$\int_{-\infty}^{\infty} w^*(t) v(t) dt = 1 \qquad (4-65)$$

完全重构条件是一个很宽松的约束条件，对于给定的窗函数，满足重构条件的窗函数 $v(t)$ 有无穷多的可能。其中比较常用的是 $v(t) = w(t)$。此时，重构条件可重写为

$$\int_{-\infty}^{\infty} |w(t)|^2 dt = 1 \qquad (4-66)$$

此时重构公式可写为

$$x(t) = \frac{1}{2\pi} \int_{-\infty}^{\infty} \int_{-\infty}^{\infty} \mathrm{STFT}_x(\omega, t') w(t-t') e^{i\omega t} dt' d\omega \qquad (4-67)$$

当信号为离散信号时，短时傅里叶变换和重构表达式为

$$\mathrm{STFT}_x(n\omega_0, mT_0) = \mathrm{STFT}_x(n,m) = \sum_{k=-\infty}^{\infty} x(k) w^*(k-m) e^{-ikn\omega_0} \qquad (4-68)$$

$$x(n) = \sum_{m=-\infty}^{\infty} \sum_{k=-\infty}^{\infty} \mathrm{STFT}_x(k,m) w(n-m) e^{ikn\omega_0} \qquad (4-69)$$

其中，ω_0 和 T_0 分别为频率和时间的采样间隔，n 和 m 为整数。

4.2.4.2　短时傅里叶的性质

由信号短时傅里叶变换的定义可知，STFT 具有相应的时移和频移特性。

（1）时移特性。如果信号 $x(t)$ 的短时傅里叶变换为 $\mathrm{STFT}_x(\omega, t)$，则信号 $x(t-t_0)$ 的短时傅里叶变换为 $\mathrm{STFT}_x(\omega, t-t_0) e^{-i\omega t_0}$。

（2）频移特性。如果信号的短时 $x(t)$ 的短时傅里叶变换为 $\mathrm{STFT}_x(\omega, t)$，则信号 $x(t) e^{i\omega_0 t}$ 的短时傅里叶变换为 $\mathrm{STFT}_x(\omega-\omega_0, t)$。

4.2.4.3　窗函数的设计与选择

时域窗 $w(t)$ 的持续时间越短，短时傅里叶变换的时间分辨率就越高；相同地，频域窗 $W(\omega)$ 越窄，短时傅里叶变换的频率分辨率就越高。时间分辨率和频率分辨率可以用时频平面上的一个矩形来表示，窗函数的有效时间宽度 D_t 为矩形的宽，窗函数的有效频率宽度 D_ω 为矩形的高。对于不同类型的窗函数，矩形窗口的宽和高不同。但是根据不确定原理，时间分辨率和频率分辨率不能同时任意小，它们的乘积受到一定值的限制。要提高频域分辨率就得降低时域分辨率，反之也一样。此外，一旦窗函数固定，则时间分辨率和频率分辨率也固定，如果分析两个或者两个分量以上的信号时，很难使一个窗函数同时满足不同时间段的信号要求。所以短时傅里叶变换由于窗口没有自适应性，不适于分析多

尺度和突变信号，只适合应用在准稳态信号分析的场合。

常用的短时傅里叶变换窗函数为高斯窗函数，即

$$w(t) = \sqrt{\frac{a}{\pi}} e^{-at^2} \tag{4-70}$$

此时短时傅里叶变换的时间分辨率和频率分辨率相等，两者乘积最小。使用高斯窗的短时傅里叶变换习惯上又称 Gabor 变换。

4.2.5　小波变换

小波变换是 20 世纪 80 年代后期发展起来的一门新兴的数学分支。1984 年，法国科学家 J. Moriet 和 A. Grossman 提出了连续小波变换的系统框架，为小波的兴起奠定了基础；1987 年，Mallat 将多尺度分析思想引入到小波变换中，给出了快速小波变换算法—Mallat 算法，Mallat 算法将小波理论和传统的滤波方法联系起来，使得进行小波变换时不必给出小波的具体表达式，大大简化了小波应用的难度，便于工程技术人员掌握；1994 年，Geronimo 等提出了多小波变换，将尺度小波变换推广到多尺度小波变换，使小波变换的理论又向前迈进了一大步。

小波变换的基本思想是：信号中频率高低不同的分量具有不同的时变特性，通常较低频率成分的频谱特征随时间的变化比较缓慢，而较高的频率成分的频谱特征随时间变化比较迅速。因此，可以通过选择小波函数的尺度因子和平移因子，在信号上加一个变尺度滑移窗来对信号进行分段截取和分析，从而对非平稳信号中的短时高频成分进行定位，又可以对低频成分进行分析。

4.2.5.1　连续小波变换

称平方可积函数 $\varphi(t) [\varphi(t) \in L^2(R)]$ 为一小波基或母小波函数。对于任意实数 a，b $(a > 0, b \in R)$，称函数 $\varphi_{a,b}(t) = \frac{1}{\sqrt{a}} \varphi\left(\frac{t-b}{a}\right)$ 为由小波基函数 $\varphi(x)$ 生成的依赖于参数 (a, b) 的连续小波函数，简称小波。

对于能量有限信号的连续小波变换定义为

$$\text{CWT}_x(a, b) = \int_R x(t) \overline{\varphi_{a,b}}(t) \mathrm{d}t = \frac{1}{\sqrt{a}} \int_R x(t) \overline{\varphi\left(\frac{t-b}{a}\right)} \mathrm{d}t \tag{4-71}$$

对应的小波变换的逆变换为

$$x(t) = \frac{1}{C_\varphi} \int_{-\infty}^{\infty} \int_{-\infty}^{\infty} a^{-1/2} \varphi\left(\frac{t-b}{a}\right) \text{CWT}_x(a, b) \frac{\mathrm{d}a \mathrm{d}b}{a^2} \tag{4-72}$$

其中　$C_\varphi = 2\pi \int_{-\infty}^{\infty} \frac{|\hat{\varphi}(\omega)|}{|\omega|} \mathrm{d}\omega$ 。

1. 小波基函数满足条件

很显然，并非所有小波基函数都能保证对所有 $x \in L^2(R)$ 均有意义。为保证连续小波变换存在逆变换，而且小波基函数在时间窗口与频率窗口都具有快速衰减特性，构造的小波基函数应该满足以下条件：

（1）函数本身是紧支撑的，即只有小的局部非零定义域，在窗口之外函数为零。

（2）满足容许条件 $\displaystyle\int_{-\infty}^{\infty}\frac{|\hat{\varphi}(\omega)|}{\omega}d\omega<+\infty$ ，此时，连续小波逆变换存在。

（3）从容许条件可以推出 $\hat{\varphi}(\omega=0)=0$ ，也就是说 $\hat{\varphi}(\omega)$ 具有带通的频谱特性，而且小波基函数是正负交替的振荡波形，平均值为零。实际上，除了容许条件外，为了使函数在频域有较好的局域性能，还要求满足正规性条件，即

$$\int_{-\infty}^{+\infty}t^k\varphi(t)dt=0,k=0,1,2,\cdots,N-1 \tag{4-73}$$

随着 N 增加，小波基函数振荡会表现得越来越剧烈。

（4）如果小波基函数 $\varphi(t)$ 是中心为 t_0、有效宽度为 D_t 的偶对称函数，$\psi(\omega)$ 的中心频率为 ω_0、带宽为 D_ω，那么小波函数 $\varphi_{a,b}(t)$ 的中心为 at_0+b，有效宽度为 aD_t，小波函数对应的傅里叶变换 $\psi_{a,b}(\omega)$ 的中心频率为 ω_0/a、带宽为 D_ω/a。该连续小波变换的时间-频率定位能力和分辨率可以用一个矩形窗来表述，该矩形窗的范围为 $\left[at_0+b-\dfrac{1}{2}aD_t,at_0+b+\dfrac{1}{2}aD_t\right]\left[\dfrac{\omega_0}{a}-\dfrac{D_\omega}{2a},\dfrac{\omega_0}{a}+\dfrac{D_\omega}{2a}\right]$。

矩形窗的宽度为 aD_t，高度为 D_ω/a。可见，a 增大，则时窗伸展，频宽收缩，带宽变窄，中心频率降低，频率分辨率增高；反之 a 减小，带宽增加，中心频率升高，时间分辨率增高而频率分辨率降低。小波变换的这种"变焦距"特性正好和信号的自然特性吻合。因此，小波变换更适用于非平稳信号处理。但是矩形窗的面积与尺度因子无关，仅取决于小波基函数的选择。

2. 连续小波变换性质

连续小波变换具有以下几个性质：

（1）叠加性。假设信号 $x_1(t)$ 和 $x_2(t)$ 的连续小波变换为 $CWT_{x_1}(a,b)$ 和 $CWT_{x_2}(a,b)$，则 $x(t)=c_1x_1(t)+c_2x_2(t)$ 的连续小波变换为

$$CWT_x(a,b)=c_1CWT_{x_1}(a,b)+c_2CWT_{x_2}(a,b) \tag{4-74}$$

式中 c_1、c_2——任意常数。

（2）时移性。若信号 $x(t)$ 的连续小波变换为 $CWT_x(a,b)$，则信号 $x(t-t_0)$ 的连续小波变换为 $CWT_x(a,b-t_0)$。

（3）尺度转换。若信号 $x(t)$ 的连续小波变换为 $CWT_x(a,b)$，则信号 $x\left(\dfrac{t}{c}\right)$ 的连续小波变换为 $\sqrt{c}CWT_x\left(\dfrac{a}{c},\dfrac{b}{c}\right)$。

（4）内积定理。假设信号 $x_1(t)$ 和 $x_2(t)$ 的连续小波变换为 $CWT_{x_1}(a,b)$ 和 $CWT_{x_2}(a,b)$，则

$$CWT_{x_1}(a,b)=[x_1(t),\varphi_{a,b}(t)] \tag{4-75}$$

$$CWT_{x_2}(a,b)=[x_2(t),\varphi_{a,b}(t)] \tag{4-76}$$

4.2.5.2　常见的小波函数

小波基函数决定了小波变换的效率和效果，应根据工程应用合理选择不同的小波基函数，也可根据具体问题构造基函数。

与标准的傅里叶变换相比，小波分析中所用到的小波函数具有不唯一性，即小波函数 $\varphi(t)$ 具有多样性。根据不同的标准，小波函数具有不同的类型，这些标准通常包含：① $\varphi(t)$、$\hat{\varphi}(w)$、$\phi(t)$ 和 $\hat{\phi}(\omega)$ 的支撑长度；② 对称性；③ $\varphi(t)$ 和 $\phi(t)$ 的消失矩阶数；④ 正则性。

具有对称性的小波不产生相位畸变；具有良好正则性的小波易于获得光滑的重构曲线和图像，从而减小误差。这里主要介绍几种常用的小波。

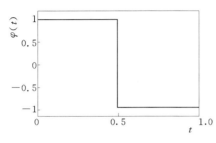

图 4.13　Haar 小波

1. Haar 小波

Haar 函数是小波分析中最常用的一个具有紧支撑的正交小波函数，也是最简单的小波函数，如图 4.13 所示。其计算十分简单，而且对于 t 的平移，Haar 小波是正交的。但是，Haar 小波不是连续可微函数，作为基本小波的性能不是很好。

其定义为

$$\varphi(t)=\begin{cases}1, & 0\leqslant t\leqslant\dfrac{1}{2}\\[2mm] -1, & \dfrac{1}{2}\leqslant t\leqslant 1\\[2mm] 0, & 其他\end{cases} \tag{4-77}$$

2. Daubechies 小波

Daubechies 小波是由世界著名小波分析学者 Inrid Daubechies 构造的，一般写做 dbN，N 是小波的阶数，如图 4.14 所示。小波函数和尺度函数的支撑区间为 $2N-1$，小波消失矩为 N。

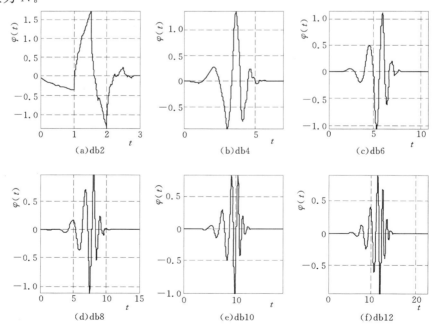

(a)db2　　　　　　(b)db4　　　　　　(c)db6

(d)db8　　　　　　(e)db10　　　　　　(f)db12

图 4.14　Daubechies N 小波

3. Marr 小波

Marr 小波是高斯函数的二阶导数，在时、频域具有很好的局部性，由于波形与墨西哥草帽抛面轮廓线相似，又称为墨西哥草帽小波，如图 4.15 所示。

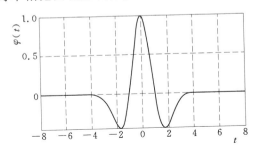

图 4.15　Marr 小波　　　　　　　图 4.16　Morlet 小波

$$\varphi(t)=(1-t^2)\mathrm{e}^{-\frac{t^2}{2}} \tag{4-78}$$

4. Morlet 小波

Morlet 小波是幅度为高斯型的单频复简谐函数，表达式为

$$\varphi(t)=\mathrm{e}^{-\frac{t^2}{2}}\mathrm{e}^{\mathrm{i}\omega_0 t} \tag{4-79}$$

式中　ω_0——复简谐函数的频率。

其时域波形如图 4.16 所示。

5. Symlet 小波

Symlet 小波是 Daubechies 提出的近似对称的小波，它是对 db 函数的一种改进，如图 4.17 所示。

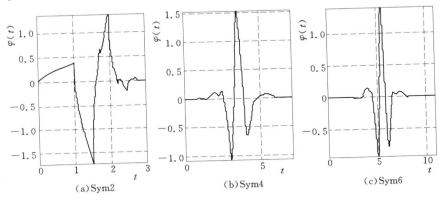

(a)Sym2　　　　　　(b)Sym4　　　　　　(c)Sym6

图 4.17　Symlet 小波

6. Coiflet 小波

根据 R. Coifman 的要求，Daubechies 构造了 Coiflet 小波，如图 4.18 所示。

4.2.5.3　框架与小波框架

对希尔伯特空间 H 中一族函数 $\{\varphi_k\}_{k\in Z}$，如果存在 $0<A<B<\infty$，对所有 $f\in H$，有

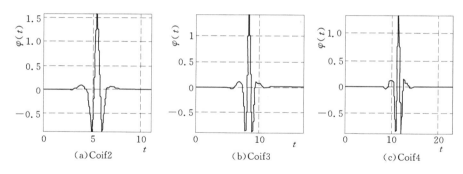

图 4.18　Coiflet 小波

$$A\parallel f\parallel^2 \leqslant \sum_k |\langle f,\varphi_k\rangle|^2 \leqslant B\parallel f\parallel^2 \tag{4-80}$$

则称 $\{\varphi_k\}_{k\in Z}$ 是 H 中的一个框架。A、B 称为框架界。这里常数 $B<\infty$ 保证了变换 $f \longrightarrow \{\langle f,\varphi_k\rangle\}$ 是连续的，常数 $A>0$ 保证了变换是可逆的。

若 $A=B$，则称为紧支框架，此时

$$\sum_k |\langle f,\varphi_k\rangle|^2 = A\parallel f\parallel^2 \tag{4-81}$$

若 $A=B=1$，则

$$\sum_k |\langle f,\varphi_k\rangle|^2 = \parallel f\parallel^2 \tag{4-82}$$

这时，$\{\varphi_k\}_{k\in Z}$ 是正交框架，若 $\parallel\varphi_k\parallel^2=1$，则 $\{\varphi_k\}_{k\in Z}$ 是规范正交基。如果当小波基函数 $\varphi(t)$ 经伸缩和移位引出的函数族 $\varphi_{j,k}(t)=2^{-j/2}\varphi(2^{-j}-k)$，$j,k\in Z$ 具有如下性质： $A\parallel f\parallel^2 \leqslant \sum_j\sum_k |\langle f,\varphi_{j,k}\rangle|^2 \leqslant B\parallel f\parallel^2$，$0<A<B<\infty$，则称 $\varphi_{j,k}(t)$ 构成一个小波框架。$\varphi_{j,k}(t)$ 的对偶函数 $\varphi_{j,k}(t)=2^{-j/2}\varphi(2^{-j}t-k)$ 也构成一个框架，其上下界是 $\varphi_{j,k}(t)$ 上下界的倒数为

$$\frac{1}{A}\parallel f\parallel^2 \leqslant \sum_j\sum_k |\langle f,\hat{\varphi}_{j,k}\rangle|^2 \leqslant \frac{1}{B}\parallel f\parallel^2 \tag{4-83}$$

小波框架具有如下性质：

（1）满足小波框架条件的 $\varphi_{j,k}(t)$，其小波基 $\varphi(t)$ 必定满足容许性条件。

（2）离散小波变换具有非收缩时移共变性；连续小波变换具有时移共变性。

（3）离散小波框架存在 $\{\varphi_{j,k}(t)\}_{j,k\in Z}$ 存在冗余性，离散小波变换也存在冗余性。当框架界 $A=B=1$ 时，$\{\varphi_{j,k}(t)\}_{j,k\in Z}$ 就构成了 $L^2(R)$ 中的正交基。

4.2.5.4　离散小波变换

连续小波变换在实际工程应用中必须进行离散化处理。根据连续小波变换的定义可知，在连续变化的尺度 a 和时间 b 值上，小波基函数具有很大的相关性，因此连续小波变换的信息量是冗余的。为了减小小波变换系数的冗余度，对尺度因子 a 和平移参数 b 进行如下离散采样。常见的方法是对尺度按幂级数进行离散化，即令 $a=a_0^m$，$a_0>0$，$m\in Z$。令 $b=nb_0a_0^m$，$b\in R$，$n\in Z$，此时产生的小波集能覆盖整个时间轴。则小波 $\varphi_{a,b}(t)$ 变为

$$\varphi_{m,n}(t)=a_0^{-m/2}\varphi(a_0^{-m}-nb_0) \tag{4-84}$$

离散小波变换定义为

$$\mathrm{DWT}_f^{\varphi}(a,b) = \int_R f(t)\,\overline{\varphi}_{m,n}(t)\,\mathrm{d}t \tag{4-85}$$

在离散小波变换中，取 $a_0=2$，所得到的小波和小波变换称为二进小波和二进小波变换。此时小波框架满足稳定性条件，即

$$A \leqslant \sum_{k \in Z} |\hat{\varphi}(2^k\omega)|^2 \leqslant B \tag{4-86}$$

进一步，取 $a_0=2$，$b_0=1$，此时称为二进正交小波和二进正交小波变换。小波为

$$\varphi_{m,n}(t) = 2^{-m/2}(2^{-m}t-n), k,n \in Z \tag{4-87}$$

4.2.5.5 多分辨率分析与 Mallat 算法

多分辨率分析，又称多尺度分析，它是来源于工程应用的一种分析理论。1987 年，Mallat 在研究图像处理问题时提出了该理论，不仅为正交小波基的构造提供了一种简单方法，而且为正交小波变换的快速算法提供了理论依据。因此，多分辨率分析在小波变换理论中具有十分重要的地位。

若 $L^2(R)$ 空间中的一子空间序列 V_j，$j=\cdots-1,-1,0,1,2,\cdots$ 满足下列条件：

(1) $V_j \in V_{j+1}$。

(2) $\overline{\bigcup V_j} = L^2(R)$。

(3) $\bigcap V_j = \{0\}$。

(4) $f(x) \in V_j$，当且仅当 $f(2^{-j},x) \in V$。

(5) $V_j = \mathrm{span}\{\phi_{j,k}(t), k \in Z\}$，即任一级子空间可由相应尺度的同一函数通过平移张成。

则空间集合 $\{V_j, j \in Z\}$ 称为依尺度函数 $\phi_{j,k}$ 的多分辨率分析。尺度函数要求为紧支撑的或有限支撑（若函数在某一有限区间外恒等于 0，则称该函数是有限支撑的）函数。对于那些紧支撑且连续的尺度函数是特别需要的，因为这类函数分解和重构算法速度快，而且便于信号重构。

当尺度趋于无穷时，可知 $L^2(R) = \cdots \oplus W_{-1} \oplus W_0 \oplus W_1 \cdots$，此时，存在与尺度函数 $\phi_{j,k}$ 对应的函数 $\varphi_{j,k}$ 通过平移能够生成 W_j。$\varphi_{j,k}$ 即小波基，它在伸缩和平移变换下都是正交的。

假设要处理的实际信号，可看作 $f \in L^2(R)$，但测得的信号 f_j 只是实际信号的一个近似，设 $f_j \in V_j$，由于 $\{\phi_{j,k}(x)\}_{k \in Z}$ 是 V_j 的标准正交基，故有

$$f_j(x) = \sum_{k \in Z} c_{j,k}\phi_{j,k}(x), k,n \in Z \tag{4-88}$$

用 $\phi_{j,k}$ 与上式两端做内积，得

$$c_{j,k} = \langle f_j, \phi_{j,k} \rangle \tag{4-89}$$

由于 $V_j = V_{j-1} \oplus W_{j-1}$，且 $V_{j-1} \perp W_{j-1}$，所以 $\{\phi_{j-1,k}(x)\}_{k \in Z} \bigcup \{\varphi_{j-1,k}(x)\}_{k \in Z}$ 也是 V_j 的标准正交基，故有

$$f_j(x) = \sum_{k \in Z} c_{j-1,k}\phi_{j-1,k}(x) + \sum_{k \in Z} d_{j-1,k}\phi_{j-1,k}(x) \tag{4-90}$$

再分别用 $\phi_{j-1,k}$ 和 $\varphi_{j-1,k}$ 与式（4.90）两端作内积，得

$$c_{j-1,k} = \langle f_j, \phi_{j-1,k} \rangle \tag{4-91}$$

$$d_{j-1,k} = \langle f_j, \varphi_{j-1,k} \rangle \tag{4-92}$$

一般称 $c_{j,k}$ 为尺度系数或近似系数，$d_{j,k}$ 为小波系数或细节系数。

将两尺度方程写成一般的形式为

$$\phi_{j-1,k}(x) = \sum_{n \in Z} h_{n-2k} \phi_{jn}(x) \tag{4-93}$$

将式（4-93）式带入式（4-91）中得

$$c_{j-1,k} = \langle f_j, \sum_{n \in Z} h_{n-2k} \phi_{jn} \rangle = \sum_{n \in Z} \overline{h}_{n-2k} \langle f_j, \phi_{jn} \rangle \tag{4-94}$$

由式（4-89）得

$$c_{j-1,k} = \sum_{n \in Z} \overline{h}_{n-2k} c_{jn} \tag{4-95}$$

类似的可以得到

$$\varphi_{j-1,k}(x) = \sum_{n \in Z} g_{n-2k} \phi_{jn}(x) \tag{4-96}$$

带入式（4-92）中得

$$d_{j-1,k} = \sum_{n \in Z} \overline{g}_{n-2k} c_{jn} \tag{4-97}$$

式（4-96）和式（4-97）即著名的 Mallat 分解算法。

4.2.5.6 小波包变换

在多分辨率分析中，每一步信号分解都是只对尺度子空间 V_j 进行再分解，而不再对子空间 W_j 进行分解。因此，小波变换中高频频带信号的时间分辨率高而频率分辨率低，低频频带信号的时间分辨率低而频率分辨率高。但是，在实际工程信号处理时，有些信号我们只对特定时段和频段感兴趣，希望在感兴趣的频率范围内频率分辨率较高，在感兴趣的时间段时间分辨率较高。此时小波变换已经不能再满足这种要求。为了提高高频频带信号的频率分辨率，提出了小波包分解的方法。

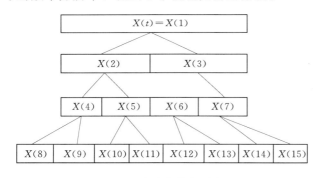

图 4.19　小波包分解示意图

小波包分解能够在全频带对信号进行多层次的频带划分，继承了小波变换良好时频局部化优点，同时对小波变换没有再分解的高频频带可以进一步分解，从而提高了高频频带的频率分辨率。图 4.19 是小波包信号分解频带划分的示意图。

4.2.6　Cohen 族时频分布

短时傅里叶变换和小波变换都是线性时频表示，为了更好地描述非平稳信号幅频特性随时间的变化情况，直接用信号的时频二维分布对信号进行描述的方法成为了信号处理的一个新的思路。1948 年 Ville 将量子物理学家 Wigner 提出的二次型时频分布方法作为一种信号分析工具引入到信号处理领域，后人称这种分布为 Wigner - Ville 时频分布。随后，一些学者根据不同的应用需要，针对原始 Wigner - Ville 时频分布的缺点，提出了各种改进形式的时频分布。1966 年，

Cohen 研究发现各种改进形式的时频分布完全可以用一个统一的形式表示，这种统一分布习惯上被称作 Cohen 族时频分布。

Cohen 族时频分布是双线性时频分布的主要分析方法。所谓双线性时频分布，是指信号在时频分布的数学表达式中以相乘的形式出现两次，又称为非线性时频分布。Cohen 族时频分布将信号的能量（信号的某种平方形式）分布于时频平面内，采用对信号的双线性乘积进行核函数加权平均的方法来实现非线性时频表示，实质反映的是信号的能量密度分布。Cohen 族时频分布可表示为

$$C_s(t,\omega) = \frac{1}{2\pi} \iiint \exp[-j(\omega\tau + \theta t - \theta u)]s\left(u + \frac{\tau}{2}\right)s^*\left(u - \frac{\tau}{2}\right)\phi(\theta,\tau)\mathrm{d}\theta\mathrm{d}u\mathrm{d}\tau$$

$$(4-98)$$

式中　$\phi(\theta,\tau)$——时频分布的核函数；

θ——频移；

τ——时移。

取不同的核函数便能得到不同的时频分布。

当 $\phi(\theta,\tau)=1$ 时，式（4-98）就变成 Wigner-Ville 分布，它是 Cohen 族时频分布最简单的形式，也是 Cohen 族时频分布的基础和核心。其信号 $s(t)$ 的 Wigner-Ville 分布数学表达式为

$$\mathrm{WVD}_z(t,f) = \int_{-\infty}^{\infty} z\left(t + \frac{\tau}{2}\right)z^*\left(t - \frac{\tau}{2}\right)\exp(-\mathrm{j}\omega\tau)\mathrm{d}\tau \qquad (4-99)$$

式中　$z(t)$——$s(t)$ 的解析信号。

由式（4-98）可知，该分布不含窗函数，可避免线性时频分布中时间分辨率和频率分辨率的矛盾，具有很好的时频聚集性。Winger-Ville 分布不是线性的，令 $s(t)=s_1(t)+s_2(t)$，则

$$\mathrm{WVD}_s(t,f) = \mathrm{WVD}_{s_1}(t,f) + \mathrm{WVD}_{s_2}(t,f) + 2\mathrm{Re}\{\mathrm{WVD}_{s_1 s_2}(t,f)\} \qquad (4-100)$$

其中 $\mathrm{WVD}_{s_1 s_2}(t,f) = \int_{-\infty}^{\infty} s_1\left(t + \frac{\tau}{2}\right)s_2\left(t - \frac{\tau}{2}\right)\exp(1-\mathrm{j}\omega\tau)\mathrm{d}\tau$。

由式（4-100）可见，两个信号和的 WVD 并不等于它们各自 WVD 的和。其中 $2\mathrm{Re}\{\mathrm{WVD}_{s_1 s_2}(t,f)\}$ 是 $s_1(t)$ 和 $s_2(t)$ 的互 WVD，称之为"交叉项"，它是引进的干扰。而且交叉项是实的，混叠于各自 WVD 成分之间，幅值是各自 WVD 的两倍，即便两个信号分量在时频平面上相距足够远，它们的交叉项依然会出现。交叉项的存在会造成信号的时频特征模糊不清，是 WVD 的一个严重缺点。

为了抑制交叉项干扰，学者作了大量研究，提出了不少有价值的时频分布，其中 1989 年 Choi 和 Williams 提出的 Choi-Williams 分布（CWD）是很重要的一种。Choi-Williams 分布的基本思想是，对于多分量的信号可以通过核函数的设计，在最小方差意义上，使交叉干扰达到最小。此外，还有伪 Wigner-Ville 分布、平滑 Wigner-Ville 分布、平滑伪 Wigner-Ville 分布等。另外，国内外学者还研究了多种可抑制或削弱交叉项的方法，主要有预滤波法、多分量分离法与辅助函数法，都是采用解析信号来消除交叉项。

4.2.7 经验模式分解

经验模式分解方法是由美国宇航局的 Norden E Huang 等学者 1998 年提出，该方法基本思想是利用时间序列上下包络的平均值确定信号"瞬时平衡位置"，根据信号的局部变化时间尺度，自适应地将信号分解为若干个本征模函数分量（IMF）之和，然后再对每个 IMF 分量进行 Hilbert 变换求取各个分量的瞬时频率和瞬时幅值，这样就得到了信号的 Hilbert 谱，Hilbert 谱表示了信号完整的时间一频率分布。

EMD 方法无需采用先验知识，基函数本身就是自适应地从原信号中逐步分解而得，实现了对信号的自适应、高分辨时频解析，弥补了传统的傅里叶变换只能给出信号在时频域的统计平均结果，无法兼顾时域的全貌和局部化特征的不足，同时有效解决了小波变换的自适应性差、时频域精确度低等缺点。将信号分解为许多单分量信号之和，可以简洁直观地显示复杂信号的时频特性，特别适合于非线性和非平稳信号的分析处理。

经验模态分解方法把非平稳、非线性信号分解成一组本征模函数（IMF）。本征模函数必须满足两个条件。

（1）极值点和过零点数目必须相等或至多相差一点。

（2）局部极大值构成的包络线和局部极小值构成的包络线的平均值为零。

4.2.7.1 经验模式分解算法

假设分析信号为 $x(t)$，经验模态分解的算法如下：

（1）用三次样条曲线形成将所有的局部极大值点连接起来构成上包络线，将所有的局部极小值点连接起来构成下包络线，计算上下包络线的平均值为 m_1，令 $h_1 = x(t) - m_1$。若 h_1 满足 IMF 的条件，那么 h_1 就是 $x(t)$ 的第一个分量。

（2）若 h_1 不满足 IMF 的条件，那么把 h_1 作为原始数据，重复步骤（1），得到上下包络线的平均值 m_{11}，令 $h_{11} = h_1 - m_{11}$。判断是否满足 IMF 的条件，重复循环直至 h_{1k} 满足 IMF 的条件。令 $c_1 = h_{1k}$，则 c_1 为第一个 IMF 分量。

（3）令 $r_1 = x(t) - c_1$，将 r_1 作为原始数据重复步骤（1）、（2），得到 $x(t)$ 的第二个 IMF 分量 c_2，令 $r_j = r_{j-1} - c_j$，对 r_j 继续重复步骤（1）、（2），当 r_j 为一个单调函数时，循环结束，得到 n 个 IMF 分量 $c_1, c_2, \cdots, c_n$。最后推导出 $x(t)$。

$$x(t) = \sum_{i=1}^{n} c_i + r_n \qquad (4-101)$$

4.2.7.2 Hilbert 变换

在分解得到 IMF 之后，对每个 IMF 分量进行 Hilbert 变换求取各个分量的瞬时频率和瞬时幅值。IMF 的 Hilbert 变换为

$$H[c_i(t)] = \frac{1}{\pi} \int_{-\infty}^{\infty} \frac{c_i(t)}{t - \tau} \mathrm{d}\tau \qquad (4-102)$$

考虑到残余分量 r_n 是一个常数或者是一个单调函数，一般忽略掉，对各阶 IMF 分量做 Hilbert 变换、构造解析信号后，求得相应的瞬时频率和瞬时幅值，原信号 $x(t)$ 可以表示为

$$x(t) = H(\omega, t) = \mathrm{Re} \sum_{i=1}^{n} A_i(t) \exp\left[\mathrm{j} \int \omega_i(t) \mathrm{d}t\right] \qquad (4-103)$$

式（4-103）中 Re 表示取实部，幅值 $A_i(t) = \sqrt{c_i^2(t) + H[c_i(t)]^2}$，相位 $\Phi_i(t) =$ arctan $\dfrac{H[c_i(t)]}{c_i(t)}$，瞬时频率 $\omega_i(t) = \dfrac{\mathrm{d}\Phi_i(t)}{\mathrm{d}t}$，$H(\omega,t)$ 称为 Hilbert 谱。Hilbert 谱描述了信号的幅值在整个频率段上随时间和频率的变化规律。

更进一步，通过对时间的积分我们可以获得信号的 Hilbert 边际谱 $h(\omega)$。边际谱表示了每一个频率点上的幅值分布，反映了概率意义上幅值在整个数据跨度上的积累幅值。

$$h(\omega) = \int_0^T H(\omega,t)\mathrm{d}t \qquad (4-104)$$

4.3 状态监测常用图谱

在上述机组状态信号分析方法的基础上，为增强信号特征提取结果的直观性，更加符合水电站现场运行工作人员的思维和工作需要，经常将信号分析的结果表现为图谱的形式，除了前文所提的时域波形图和频谱图外，还包括波德图、极坐标图、瀑布图、级联图、轴心轨迹图和轴心位置图等。

4.3.1 波德图

波德图是显示机组在启停机过程中振动一倍频幅值和相位随转速的变化趋势图（图 4.20）。横坐标为转速或转速频率，纵坐标为一倍频幅值和相位。每个图上有两条曲线，分别表示了该测点振幅、相位随转速是如何变化的，又称作幅频、相频响应曲线。

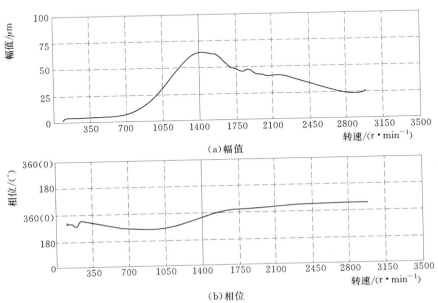

图 4.20　波德图

从图 4.20 上可以得到以下信息：

（1）转子系统在各种转速下的振幅和相位。

（2）转子系统的临界转速。

（3）转子在升速或降速过程中是否与其他部件发生共振。

（4）转子的振型。

（5）系统的阻尼大小。

（6）转子上机械偏差和电气偏差的大小。

（7）转子是否发生了热弯曲。

从波德图上观察到的振幅、相位随转速的变化可以有助于分析转子的动平衡状况，获取转子不平衡质量所处的轴向位置、不平衡振型阶数，分析是否存在结构共振，还可以进行动静摩擦的分析。如果振幅曲线出现波峰，同时相位发生急剧增加，增加幅度大于 70°，这时所对应的转速有可能是该测点所处的转子或相邻转子的临界转速。

4.3.2 极坐标图

极坐标图以矢量方式显示机组一倍频幅值大小和相位随转速的变化情况（图 4.21），其向径表示一倍频幅值的大小，向径和 X 轴夹角表示一倍频的相位。极坐标图实际上是波德图在极坐标上的综合曲线。和波德图相比，极坐标图更加直观，在表现旋转机械动态特征方面更为清楚，所以其应用也越来越广。

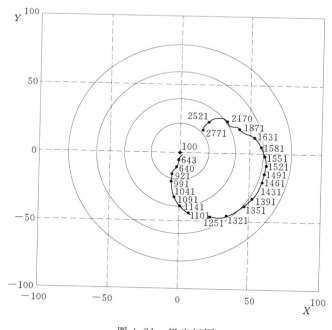

图 4.21　极坐标图

从图 4.21 上可以得到以下信息：

（1）转子系统的临界转速。

（2）转子不平衡质量的方位。

（3）转子的振型。

（4）转轴弯曲振动和轴本身振动参数。

振幅-转速曲线在极坐标图中是呈环状出现的，环状振幅最大的点就是临界转速点。根据转子轴向不同截面振动信号极坐标图的对比分析，可以观察转子的振型。转轴弯曲振动和轴本身的振动，可以通过极坐标图中的慢转矢量区分。慢转矢量输出初始弯曲信号，且轴的初始弯曲在慢转状态下相位不变。

启停机过程的极坐标图对于分析质量不平衡和轴线弯曲对机组的影响十分有效。正常运行过程中通过分析机组相同工况下的极坐标曲线可以及时发现机组的异常状态。利用极坐标图可将水力机组运行一段时间内的不同转速倍频分量绘制在一张极坐标图上，观察特定倍频分量在稳态运行时是否稳定的落在某一特定区域（靶区），可以更灵敏的发行机组异常特征，及时预警。

4.3.3 瀑布图

瀑布图显示机组在某一段时间内各种频率或成分的大小随时间和工况变化趋势（图 4.22）。它是在一段时间内连续测得的一组频谱图顺序组成的三维谱图，X 轴为各频率成分，Y 轴为振幅，Z 轴为转速、时间、负荷或温度等参量。瀑布图实际上就是不同的第三维坐标绘制的频谱曲线组合，可以清楚地反映各种频率成分的变化规律，缺点是没有提供相位信息。

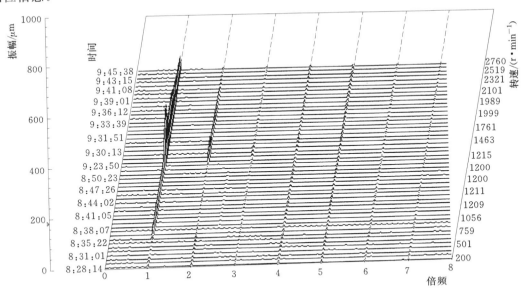

图 4.22　瀑布图

对于水电站而言，常用瀑布图分析机组振动摆度信号和压力脉动变化情况，根据图中频率成分，诊断油膜涡动、不对中、碰磨、水力不平衡等特征明显的故障类型。根据机组监测获得的振动、摆度和压力脉动各种频率成分随时间、负荷等变化规律，掌握机组在稳定运行工况下的异常变化和发生事故时分析机组异常原因，掌握机组运行特性，优化机组运行。

4.3.4　极联图

极联图是在启停机转速连续变化时，不同转速下得到的频谱图依次组成的三维谱图（图 4.23）。X 轴是各频率成分，Y 轴为振幅，Z 轴为转速，转频和各个倍频及分频的轴线在图中是都以零点为原点向外发射的倾斜的直线。在分析振动与转速有关的故障时形象直观。图 4.23 常用来了解各转速下振动频谱变化情况，可以确定转子临界转速及其振动幅值、半速涡动或油膜振荡的发生和发展过程等。

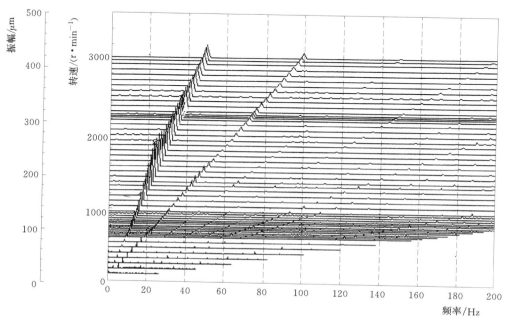

图 4.23　极联图

4.3.5　轴心位置图

轴心位置图是通过连接一对垂直安装在一个平面上的摆度探头到大轴测量面平均间隙形成的曲线，用来显示轴颈中心相对于轴承中心位置（图 4.24）。这种图形提供了转子在轴承中稳态位置变化的观测方法，用以判别轴颈是否处于正常位置。

当轴心位置超出一定范围时，说明轴承处于不正常的工作状态，从中可以判断转子的对中好坏、轴承的标高是否正常，轴瓦是否磨损或变形等等。如果轴心位置上移，则预示着转子不稳定的开始。通过对轴颈中心位置变化的监测和分析，实现故障预警。一般来说轴心位置的偏位角在 $20°\sim50°$ 之间。

4.3.6　轴心轨迹图

轴心轨迹一般是指转子上的轴心一点相对于轴承座在与轴线垂直的平面内形成的运动轨迹（图 4.25）。通常转子振动信号中除了包含由不平衡引起的转频振动分量之外，还存在由于油膜涡动、油膜振荡、气体激振、摩擦、不对中、啮合等原因引起的分数谐波振动、亚异步振动、高次谐波振动等各种复杂的振动分量，使得轴心轨迹的形状表现出各种不同的特征，其形状变得十分复杂，有时甚至是非常地混乱。因此，轴心轨迹是获取旋转机械诊断信息的有效手段。

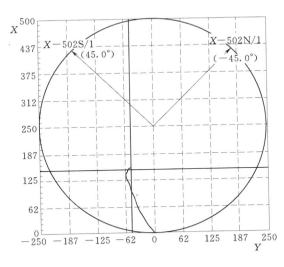

图 4.24　轴心位置图

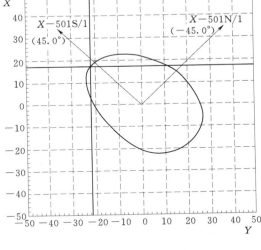

图 4.25　轴心轨迹图（提纯）

　　轴心轨迹的测量须在一个平面互相垂直安装的两个涡流传感器上进行。从轴心轨迹图上可以获得以下信息：振幅（垂直、水平方向）、相位（垂直、水平方向）、进动方向。轴心轨迹图显示某轴承处水平和垂直方向振动合成后轴的运动情况，水平方向和垂直方向的幅值比列相同，可以显示通频、1/2 倍频、1 倍频和 2 倍频的轴心轨迹。此外，轴心轨迹图中还包含键相信号，标示轴心运动轨迹的起始点和周期。通过观察键相信号标记在轨迹图上出现的顺序，可以确定轴心是在做正进动还是反进动，这对判断是否存在动静摩擦故障十分有用。

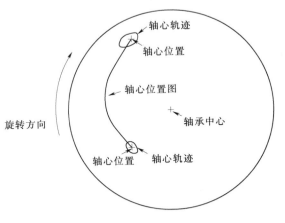

图 4.26　轴心位置图与轴心轨迹图的区别

　　轴心轨迹图与轴心位置图是两个不同的概念，轴心轨迹图是通过检测电涡流探头的交流电压获得，机组每转一圈就能获得一个轴心轨迹图，而轴心位置图是通过检测电涡流探头直流电压的长期变化趋势得到，两者相当于地球的自转和公转的关系，具体如图 4.26 所示。

第5章 水力机组故障机理分析

水力机组设备庞大、结构复杂、诱发故障的原因很多，常见故障有以下几种：

（1）机组轴承故障。包括推力轴承故障与导轴承故障。其中推力轴承故障包括轴承镜板镜面光洁度降低、轴承镜板镜面宏观不平度增高、推力瓦载荷分布不均匀、推力头松动、推力轴承托瓦与瓦架凸台相碰、推力瓦变形和推力瓦托盘断裂等；导轴承故障包括轴颈与轴瓦间隙的增大、轴承结构缺陷油循环不良、通过轴颈与轴瓦间的润滑油量的过大过小、发电机转子间隙产生较大不均匀、轴承电流等。

（2）机组振动故障。根据振动诱发原因，水力机组振动大致可分为机械振动、水力振动、电磁振动。引起机械振动的原因有机组转子质量不平衡、机组转动部件和固定部件相碰、轴线不对中、导轴承间隙过大、主轴过细和刚度不够等；水力振动原因有尾水管涡流诱发振动、空化诱发振动、卡门涡流振动、转轮叶片数与导叶数的组合参数振动、水轮机密封处压力脉动、压力管道系统振动等；电磁振动产生的原因有磁拉力不平衡、定子铁芯组合缝松动和负序电流等引起的极频振动和定子铁芯松动等。

（3）水轮机空蚀与泥沙磨损破坏。包括水轮机空蚀、水轮机的泥沙磨损、空蚀和磨损的联合破坏。

（4）水轮发电机故障。包括发电机定子故障和转子故障。其中定子故障主要有定子主绝缘击穿、股线短路与断股、定子振动、定子线棒焊接不良、水内冷定子绕组的股导线水路堵塞、空气冷却器漏水、定子绕组中槽隙放电等；转子故障包括转子接地和匝间短路、电刷冒火花及转子滑环燃烧等。

通过多年实践经验表明，水力机组故障具有隐蔽性（渐进性）的特点，从表面上看来，事故常常是突发的，但实际上，在一个突发事故的背后早有故障存在，甚至有一个比较长的发展过程。某些故障与故障之间具有诱发性与依从性，某种故障可能由另一种故障所引起，而其本身又可能诱发出其他故障。故障有时会出两种或两种以上同时并发的情况。即便是对同一种故障，表现形式也各不相同。

本章主要对机组振动故障、水轮机空蚀及泥沙磨损破坏和发电机故障的产生原因、振动表象、消减措施等方面进行介绍与深入分析。

5.1 机组振动故障

水力机组振动故障诊断起步较早，目前在机理研究上取得了不少成果。前人已有不少文献对水力机组的故障机理进行了总结、归纳和分类，认为水力机组的振动故障主要包括三个方面：机械振动、电磁振动和水力振动。

5.1.1　机械振动

机械缺陷引起的振动频率多为转频或转频的倍数，不平衡力一般为径向水平方向，包括机组转动部件不平衡、弯曲或部件脱落造成的振动，机组不对中、法兰连接不紧或固定件松动造成的振动，固定部件与转动部件碰摩造成的振动、导轴承间隙过大或者推力轴承调整不良引起的转子不稳定运动等。具体类型如下：

（1）转动部件质量不平衡。水力机组转动部件主要包括转轮和发电机转子。由于尺寸较大、材质不均、毛坯缺陷、加工装配误差等原因，转动部件存在一定的质量不平衡现象，转动时产生不平衡的离心惯性力，使转动部件及整个机组产生振动。该不平衡离心惯性力越大，机组振动越剧烈。

该故障的主要特征是特征频率为机组转频。转子原始质量不平衡引起振动的特点是振幅或相位变化很小。当转子材质不均、转子热不平衡、转子热弯曲引起振动时，主要特征是机组振幅随机组转速变化明显，振幅与转速的二次方成正比，且水平振动较大。

（2）大轴不对中。水力机组的大轴多采用分段式对接，由于安装误差、承载后的变形以及基础的不均匀沉降等原因，用联轴节连接起来的两根轴的中心线会存在偏差，在法兰对接处会出现平行不对中、角度不对中和平行角度不对中的现象，特征主要是机组在空载低转速运行时，机组便有明显振动，特征频率为转频及转频的高倍频，尤其是二倍频。据统计，当二倍频振幅是转频振幅的 $75\%\sim150\%$ 时，某一联轴节可能发生故障；当二倍频振幅超过转频振幅时，联轴节会产生严重影响。

（3）机组转动部件和固定部件的摩擦。旋转机械在运行过程中，由于质量不平衡、热弯曲、不对中，以及油膜、密封涡动等原因，导致转动部件与固定部件之间产生摩擦。该故障可能造成转子振动增大、磨损、转轴永久热弯曲甚至破坏。振动信号特征是振动强烈，主频为转频及转频的高倍频成分，同时还伴有复杂的低频部分，且常伴有撞击响声，振动有时随时间发生缓慢变化。

（4）导轴承瓦间隙大。导轴瓦间隙的大小直接影响轴系统摆度的大小，间隙增大后，轴系统的自振频率（临界转速）降低。轴隙增大原因：径向不平衡力较大，导轴承受载过大；轴瓦的支承结构设计不合适，在不平衡力作用下产生较大的弹性或永久变形或移位。振动特征是振幅随机组负荷变化明显。

（5）推力轴承的推力头松动和推力轴瓦不平。推力头松动时，运行中的动态轴线形状和方位在某一工况下可能发生突变，在突变将发生而尚未发生的临界情况下，机组的振动和摆度忽大忽小，明显呈不稳定状态；大轴的摆度较大，在其影响下水封中的压力脉动也比较大。当推力头与轴颈有间隙时，尽管在保持推力轴承水平的情况下，轴线仍能作一定幅值的摆动，距推力轴承较远的水轮机轴和转轮的摆度相对较大，摆动方向和大小的突变，则反映了作用在轴系上各种不平衡力的大小和方向的相对变化。

5.1.2　电磁振动

电磁振动包括发电机转动部件因受不平衡力作用下产生的振动、发电机定子绕组的磁场特殊谐波成分引起的振动、定子铁芯组合缝松动或定子铁芯松动引起的振动、定子绕组固定不良在较高电气负荷和电磁负荷作用下引发的振动。

机组电磁振动有两种：转频振动和极频振动。转频振动频率为转频或转频的整数倍，即

$$f_{转} = \frac{kn}{60} \qquad (5-1)$$

极频振动频率为

$$f_{极} = \frac{3000k}{60} = 50k, k = 1,2,3,\cdots \qquad (5-2)$$

1. 转频振动

大直径水轮发电机组主要振源之一是由于定子内腔和转子外圆间气隙不均匀，在定子和转子间产生不均衡磁拉力，从而对转子和定子形成转频激扰力。

发电机产生电磁不平衡力的原因如下：

（1）转子外圆不圆，有的磁极突出。

（2）定子内腔和转子外缘均为圆形，但转子、定子非同心。

（3）转子动、静不平衡。

（4）转子各磁极电气参数相差较大或局部颈间短路。

当前，由于发电机电磁不平衡发生的发电机故障是常见的故障之一。经常发生的是发电机定子线棒击穿、两相线棒绝缘击穿、相间短路烧坏线圈、励磁机绝缘破坏、励磁机匝间短路等故障。有的水冷定子、转子，由于水冷焊接管破裂漏水引起定子相间短路，烧毁定子线棒；发电机定子、转子之间气隙控制和变化，是按最小气隙是否小于额定气隙的70%来衡量，如果小于70%，说明发电机运行处于异常状态，可能会引起发电机定子扫膛故障。此时，发电机转子磁极趋向外膨胀，定子的线棒趋于转子方向弯曲，磁极表面过热和阻尼条，因此，可能由于过热遭到严重破坏。实际运行时，发电机的电磁不平衡的气隙监测与控制，对抑制故障、分析诊断故障、保证发电机运行稳定是有好处的。

由于电磁不平衡产生的转频振动特征是振动随励磁电流增大而增大，且上机架处振动较为明显。

2. 极频振动

产生100Hz极频振动的主要原因如下：

（1）定子分数槽次谐波磁势。当采用分数槽绕组时，某些发电机的磁势和力波谱可能很宽，某些谐波可能引起定子共振或倍频共振，从而引起定子铁芯和其他部件产生明显甚至剧烈的振动。在这种状态下长期运行，会引起定子线圈和其他结构部件受到损伤，其至发生重大事故。这种振动随定子电流增大而增大，振幅与电流几乎呈线性关系，且上机架处振动较为明显。

（2）定子并联支路内环流产生的磁势。并联支路有两种布置方式，一种是分布布置，另一种是集中布置。

集中布置的优点是若定子或转子间气隙不均匀，则各支路内感应电动势不一样，支路之间就有环流通过，环流所产生的磁场将力图使气隙不均匀磁场恢复平衡。因此使局部不均衡磁拉力降低，铁芯局部过热也不严重，所以水轮发电机的并联支路都采用此法。

支路集中布置时，由于定、转子间的气隙均匀，在支路中所引起的环流将产生一系列不对称的次谐波磁势，从而使铁芯振动加大。

（3）负序电流引起的反转磁势。当定子三相负载不对称时，绕组会产生负序电流，它产生一个极对数与主磁极相同而旋转方向相反的磁场，它与主磁场叠加产生一个空间阶数为零的磁场，引起定子铁芯作驻波式的振动。

（4）定子不圆，机座合缝不好。定子由于加工、组装等各种原因稍为扁圆形，气隙就可能出现幅值为 ΔA_j 的 j 次谐波的附加磁导和磁场。附加磁场的频率为 f_1，附加磁场与主波磁场相互作用将产生频率为 $100\,\mathrm{Hz}$ 的振动。

（5）定子铁芯组合缝松动或定子铁芯松动。这种原因引起的振动，其特征为：振动随机组转速变化较明显，且当机组加上一定负荷后，其振幅又随时间增长而减小，对因定子铁芯组合缝松动所引起的振动，其频率一般为电流频率的两倍。

（6）定子绕组固定不良。在较高电气负荷和电磁负荷作用下使绕组及机组产生振动。其特点为：振动随转速、负荷运行工况变化而变化，上机架处振动亦较为明显，但不会出现加上某一负荷后其振动随时间增长而减小的情况。

5.1.3　水力振动

水力机组过流部件中的水流所产生的扰动力作用在机器各部件上，使其产生交变的机械应力及振动，也可能产生功率摆动。当水力扰动力的频率和水力机组的某个零部件或机组整体的固有振动频率相同时，引起共振，这对于机械结构十分有害。随着工业水平的提高，机组单机容量越来越大，对转速较低的大型机组，由于自振频率低，容易与某些低频率的水压力脉动吻合，从而产生共振。目前，水力机组运行诱发的异常状态和故障，较为普遍，如低负荷运行时尾水管低频压力脉动；低水头高负荷运行时叶片进水口水流撞击的冲击振动；高水头（或低水头）、高负荷转轮叶片的卡门涡振，水轮机偏离最优工况时的叶道涡等实际问题，都是水力机组运行时应该引以注意的。

鉴于水和固体相互作用所产生的振动现象及其原因均十分复杂，许多现象目前尚不能用理论系统地解释和计算，大量的问题仍依靠实验和实测的方法来解决。

根据理论分析，水力机组或个别零部件的振动原因可分为两个方面来讨论：一是由于过流部件中流场的速度分布不均匀所产生的压力脉动是零部件的激振源，例如非全包角蜗壳的不均匀出流等；二是水流流过某些绕流体（如导叶及叶片）后，脱流的旋涡所诱发出的压力脉动成为激源，如卡门涡列所诱发的转轮叶片振动及水轮机尾水管中的涡带等。

实际上水轮机在工作中，水流所引起的压力脉动大多能在尾水管体现出来，它具有多种不同的频谱，据频谱分析。它们可以分为三大类：第一类是高频脉动（$100\,\mathrm{Hz}$ 左右），主要是由导叶、叶片和转轮旋转频率叠加组成的压力脉动频率 $f = \dfrac{Z_1 Z_2 n}{60K}$，$Z_1$、$Z_2$ 为导叶和转轮叶片数，K 为其最大公约数，n 为转数。以及在径向导叶出口过渡到转轮室近底环转弯处，因为绕流曲率很大产生脱流，或因过流部件局部不平整表面所产生的脱流性旋涡。另外，导叶及叶片尾部脱流的旋涡所引起的脉动也可能是高频振动第二类中频脉动，频率约为几赫兹或 $10\sim20\,\mathrm{Hz}$，这种脉动是由转轮旋转引起的。脉动频率取决于转速和叶

片数 $f=\dfrac{nZ_2}{60}$；第三类脉动属低频脉动，频率为旋转频率的 $1/2\sim1/4$。第三类脉动与转轮后产生旋进的涡带有关。第一、第二类脉动实际上存在于所有工况中，而第三类低频脉动只在某些条件下出现。

1. 不平衡

由水轮机水力不平衡或机组旋转部件动不平衡引起的振动，其振动频率可计算为

$$f_1=n_r/60 \tag{5-3}$$

式中　n_r——机组额定转速。

式（5-3）的适用条件为：反击式水轮机导叶数 $Z_1=16\sim32$；轴流式水轮机 $n=60\sim300\mathrm{rpm}$，转轮叶片数 $Z_0=4\sim8$；混流式水轮机 $n=60\sim750\mathrm{rpm}$，转轮叶片数 $Z_0=14\sim17$；水斗式水轮机 $n=300\sim700\mathrm{rpm}$，喷嘴数 $Z_0=1\sim6$。

2. 反击式水轮机转轮进口处水流脉动压力

在反击式水轮机转轮进口处，由于导叶和转轮叶片的厚度有排挤水流的现象，因而出现水流压力周期性脉动，这种周期性压力脉动频率可计算为

$$f_2=n_r Z_1/60 \tag{5-4}$$

式中　Z_1——导叶个数。

3. 作用在反击式水轮机转轮叶片上的水力交变分量

反击式水轮机转轮叶片上作用着交变的水力分量，由此引起的压力脉动频率与式（5-4）类似，可计算为

$$f_3=n_r Z_0/60 \tag{5-5}$$

式中　Z_0——反击式水轮机转轮叶片数。

4. 导叶个数和转轮叶片数不匹配

这种压力脉动可计算为

$$f_4=n_r Z_0 Z_1/60 \tag{5-6}$$

5. 卡门涡列

当水流经过非流线型障碍物时，在后面尾流中，将分离出一系列旋涡，称为卡门涡列。如图 5.1 所示，这种卡门涡列交替地在绕流体后两侧释放出来，在绕流体后部产生垂

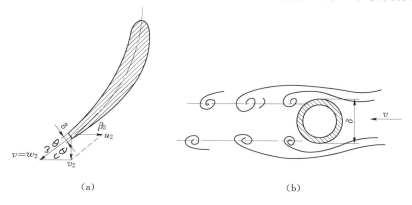

（a）　　　　　　　　　　　　　（b）

图 5.1　卡门涡列

直于流线的交变激振力，引起绕流体周期的振动。当交变作用力的频率与叶片出水边固有频率相近时，涡列与叶片振动相互作用而引起共振，有时还伴有啸叫声，在叶片与上冠、叶片与下环之间的过渡处产生裂纹。卡门涡振频率可计算为

$$f_5 = (0.18 \sim 0.20)\frac{\omega_2}{\delta_2} \tag{5-7}$$

式中 ω_2——叶片出水边水流相对流速，m/s；

δ_2——叶片出水边厚度，m。

卡门涡振多发生在 50％以上额定容量时。

6. 进水流道水流不均匀

水流流经水轮机的蜗壳及转轮，最后由尾水管流出，由于设计的不合理或因水流工况的变化，形成水流脱流及不对称的称为水流作用力矩。空蚀、转轮水力不平衡，压力水管中的压力脉动等原因也会形成水流脱流，产生旋涡使机组振动。不均匀流场主要出现在蜗壳，导叶后等部位，由叶栅造成的导叶出口水流不均匀，只对低比转速的水轮机才有影响，因为这种水轮机转轮和导叶出水边十分靠近。而高比转速混流式和轴流式水轮机，导叶出水边到转轮进水边距离较大，水流在这一段流程中已经逐渐均匀，故影响较小。

7. 尾水管中涡带

当混流式及轴流定浆式水轮机过多地偏离设计工况（最优工况）时，水轮机转轮出口处的旋转分速度 v_{u_2} 将会在尾水管中形成不稳定的涡带而出现压力脉动，其脉动频率一般可计算为

$$f_6 = n_r/60K \tag{5-8}$$

式（5-8）中 K 为系数，根据我国部分水电站上的设计：轴流式水轮机的系数 $K=3.6 \sim 4.6$；混流式水轮机的系数 $K=2 \sim 5$。

这种振动与转轮特性和运行工况密切相关，往往发生在负荷较小的运行工况。根据试验测定内容如下：

(1) 空转或负荷很小时，死水区几乎充满整个尾水管，压力脉动很小。

(2) 机组出力约为 30％～40％水轮机额定容量时，尾水管涡带产生偏心，并呈螺旋形，螺旋角度较大，压力脉动较大，属于危险区。

(3) 机组出力约为 40％～55％水轮机额定容量时，涡带严重偏心，也呈螺旋形，压力脉动更大，属于严重危险区。

(4) 机组出力约为 70％～75％水轮机额定容量时，涡带是同心的，压力脉动很小。

(5) 机组出力约为 75％～85％水轮机额定容量时，无涡带，无压力脉动，运行平稳。

(6) 满负荷到超负荷时，涡带紧挨转轮后收缩，有很小的压力脉动，尤其是在超负荷时。

这类涡带除了可能引起管道和厂房振动之外，还会引起机组出力摆动。消除这种振动的方法有：①迅速避开上述低负荷运行工况区；②进行补气或补水。

8. 迷宫环中水流

水轮机迷宫止漏环径向间隙的不均匀将产生侧向力。由简化的迷宫间隙模型（图5.2）可以看出，转轮 1 与转轮室 2 之间，有十分狭窄的间隙。机组运行时，有一部分压

力水将由间隙流向转轮背面的空腔 3，背腔形成 d→b 的压力梯度而产生作用在转轮上的流体动力矩。当出现不均匀的间隙后，在小间隙一侧产生侧向推力，造成机组轴或轴承体的振动。这种振动的频率如果与机组或轴系零部件固有频率重合时，就会产生共振而激发出超过正常侧向力 3～5 倍的水动力。这种由旋转着的不对称的密封间隙中的水动力所激发的能量，可以引起轴的弓状回旋，也可能导致整个机组的剧烈振动失稳，甚至被迫停机，我国渔子溪电站四号机与绿水河电站，都是侧向推力产生机组振动非常典型的例子。

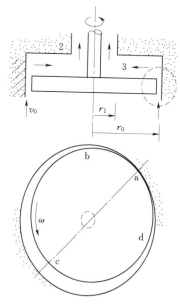

图 5.2　简化的迷宫间隙模型

主轴密封在水轮机运行时，由于水力机组轴系的不稳定性，加上本身的形状不规则，安装不良，会引起主封运行偏差，甚至遭到损伤，造成密封失效。止漏环运行状态比较复杂，包括水轮机上冠与下环间隙、转轮上下止漏环间隙以及主轴法兰与水轮机顶盖的间隙，由于制造和安装上的原因，转轮与固定部件不同心，或由于转轮质量动、静不平衡，或水封零部件本身加工安装存在缺陷，都会引起水轮机在运行中水封间隙不均匀，加上水导轴承间隙不均，轴承运行偏心等，造成上、下水封间隙偏斜，引起水力机组强烈振动。

9. 尾水管中空腔压力脉动

尾水管故障除尾水管里衬卷边剥落和空蚀磨损外，最主要的是尾水管的压力脉动引起的振动故障。该故障直接影响到水力机组的安全稳定运行。尾水管压力脉动是混流式和轴流式水轮机普遍存在的振源之一，特别是随着水力机组尺寸增大的大型和巨型机组，这个问题近年来反映得更加突出。关于尾水管压力脉动国内外曾进行较多的模型和原型试验研究，对其形成的原因、特性、振动影响及其消振措施。水轮机在小负荷运行时出现的压力脉动，称为低频压力脉动。实际上，水轮机在各种负荷运行时，尾水管可能会产生不同形状涡带和不同频率的压力脉动，低频压力脉动是其中最具有代表性的一种，它所引起的水力机组振动，对水力机组机架、顶盖垂直方向振动和出力摆度影响最大。通常，它产生在水轮机导叶开度的 30％～60％范围内。除尾水管的低频涡带外，在水力机组运行中还经常出现中频和高频压力脉动，加上涡带脉动周期长、波幅大，与水力机组旋转部件接触面积大，易引起水力机组轴系振动式导致引水部件的水体共振。这也是水轮机及过流部件运行中不可忽视的故障问题。

形成尾水管低频涡带最基本的条件是水轮机转轮出口水流有一定的圆周分速度。在部分负荷时，在泄水锥开始的螺旋状涡带，在尾水管中形成低频涡带脉动，脉动压力传至各过流部件和结构物，导致机组振动、大轴周期摆动、水轮机顶盖振动、周期性出力摆动、压力管道中水流压力脉动，有时与管道中水体形成共振或倍频共振等。

振动强弱与水轮机的运行工况关系较密切，一般产生在导水叶相对开度为 35％～60％范围内（或机组出力为额定出力 25％～50％）。其振动频率一般为机组转速频率的 1/4～1/3 倍。

由于涡带波动周期长，波幅大，与水轮机旋转部件接触面积大，易引起机组轴系振动，涡带水流脉动压力经转轮传到水轮机顶盖、蜗壳和压力管道，对这些结构也会造成一定影响。

当涡带频率与发电机自振频率相等或接近时，就会引起机组出力周期性大幅度摆动。

尾水管的压力脉动值与空化系数（或吸出高度 H_s）有密切关系。当空化系数减小到某一数值时，压力脉动幅值会陡然上升，并出现峰值。随着空化系数进一步减小，压力脉动幅值又会下降。确定水轮机安装高程时，通常是依据模型水轮机的临界空化系数并增加一定的安全系数，或参考初生空化系数，选取某一空化系数作为电站的装置空化系数。选择较大的电站装置空化系数意味着厂房基础挖深增加，过深的吸出高度还会增加补气的困难。因此，必须参考模型水轮机压力脉动试验结果，合理选定水轮机装置空化系数。

此外，当水轮机工况发生变化时会产生水力过渡过程，在这个过渡过程中机组往往发生各种振动。当力或力矩的震动频率与机组零部件的某个自振频率相同发生共振时，会激发出更大的力或力矩。由于过渡过程的时间较短，无论是在启动、增、减负荷、正常停机、同步调相、甩负荷、事故飞逸等过渡过程中，机组的震动一般均属有阻尼自由振动情况，当机组进入正常运行状况后，这种振动逐渐衰减消失。

由于尾水管中出现空腔引起的压力脉动，其脉动频率可计算为

$$f_7 = \frac{\omega}{4\pi u}\sqrt{\frac{(1-n^*-8h)\left[(1-n^*)^2-8(1+n^*)h\right]}{1-n^*+8h}} \qquad (5-9)$$

其中
$$h = \frac{P_0 - P_v}{\rho u^3}$$
$$u = \omega R_1$$

式中　u——水轮机转轮圆周速度，m/s；

R_1——水轮机转轮叶片进水边半径，m；

ω——水轮机转轮角速度，rad/s；

P_0——水轮机转轮出口压力，kgf/cm²；

P_v——空腔压力，kgf/cm²；

ρ——Thoms 指数；

n^*——相当于额定流量的流量比。

当 $P_0 = P_v$ 或 $h = 0$ 时，最大振动频率为

$$f_7 = \frac{\omega(1-n^*)}{4\pi u} \qquad (5-10)$$

10. 高频振动

由于水轮机转轮叶片正面与背面的水流压力不同，使流出叶片的水流压力呈高频脉动。其脉动压力频率可计算为

$$f_8 = n_r Z_0 \left(1 - \frac{v_{u_2}}{u}\right)\frac{1}{60} \qquad (5-11)$$

式中　u——水轮机转轮出口的圆周速度，m/s；

v_{u_2}——水轮机转轮出口水流绝对速度的切向分量，m/s。

11. 水斗式水轮机水斗缺口排流

对多喷嘴水斗式水轮机，由于水斗数目选得过少，或者因水斗缺口形状不良时，导致大负荷时随着针阀行程开大，部分射流可能从缺口逸出，射流冲击在下面喷管的挡水帽和折向器上，引起下喷管的强烈振动，如图5.3所示。

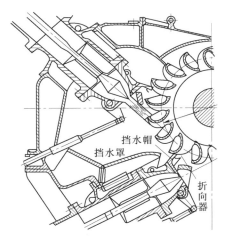

图 5.3　水斗式水轮机出口排流示意图

通常当上述情况出现后，会在挡水帽和折向器的有关部位留下磨蚀的痕迹，据此就可以判断振动源于水斗缺口排流所致。其振动频率可计算为

$$f_9 = n_1 Z_d / 60 \qquad (5-12)$$

式中　Z_d——水斗式水轮机转轮水斗数目。

消除这种振动的方法如下：

（1）增加水斗数目 Z_d。

（2）补焊缺口和改善缺口形状。

（3）适当减小射流直径 d_0。

12. 压力钢管水体自然振荡

压力钢管内水体的自然振荡，其频率可计算为

$$f_{10} = c n_k / 2L \qquad (5-13)$$

式中　n_k——特征压力钢管节数，$n_k = 1, 2, 3, \cdots$；

　　　c——水锤波传播速度，m/s；

　　　L——压力钢管长度，m。

如该水体自然振荡频率与涡带压力脉动频率合拍时，会产生共振，压力脉动振幅将大于水头的20%。

13. 冲击式水轮机尾水位抬高引起的振动

当多机组水斗式水轮机作超负荷运行时，尾水渠壅水造成排水回溅到水斗上，扰乱了水斗与射流的正常工作，致使机组效率下降和振动；同时处于转轮附近的空气会被高速射流带走并从尾水渠排走，从而使机壳内出现真空现象。如果机壳上的补气孔太小或被淤塞冒水，就有可能使尾水抬高而淹没转轮，使机壳内形成有压流动，不仅振动强烈，而且危及机组和厂房的安全。

消除这种振动的方法如下：

（1）扩大尾水渠断面。

（2）增加机壳补气量。

14. 水轮机止漏间隙不均匀或狭缝射流

高水头水轮机主轴偏心或止漏装置结构不合理或止漏装置存在几何形状误差，如图5.4所示。会引起间隙内压力显著变化和波动，引发机组振动。

在轴流式水轮机中，由于转轮叶片的工作面和背面的压差，于轮叶外缘和转轮室壁之间的狭窄缝隙中，形成一股射流，其速度高、压力低。在转轮旋转过程中，转轮室壁的某

一部分当轮叶到达的瞬间处于低压，而在叶片离去后又处于高压，如此循环，形成对转轮室壁相应部位周期性的压力波动而产生振动，导致疲劳破坏。

15. 水轮机转轮叶片空蚀

这种叶片空蚀引起的压力脉动频率的可能范围为 $100\sim300Hz$。

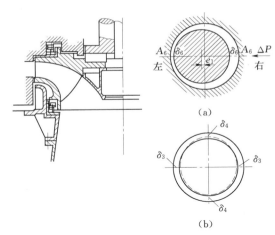

图 5.4 止漏环间隙变化

5.1.4 振动分析及测振

尽管机组振动的原因很多，彼此还可能交织在一起，甚至产生相互加剧的连锁反应，例如水力振动可以引起发电机空气间隙不均匀，而触发电气振动。但是在诸多因素之中，必定要分主要和次要，只要掌握振源的特点和变化规律，就可准确地作出判断，及时找到和排除振源。表 5.1 是水力振动方面的一个分析例子，表中引出其振源、振因、振频，以及负荷情况。

表 5.1　　　　　水力振动方面的振源、振因、振频以及负荷情况

振动原因	振动频率	主要振源 （振动发生地点）	负荷情况
水轮机转轮空蚀	高频	转轮内部	混流式：部分负荷和超负荷 轴流式：大于额定负荷 定桨式：部分负荷
尾水管涡带	低频	尾水管	部分负荷和超负荷
转轮叶片数与导叶 叶片数组合不当	高频	蜗壳与压力钢管	与负荷无关
转轮止漏环迷宫 间隙不对称	不定频	转轮室	随负荷增加而增大

表 5.1 中的振动频率高频振动为大于 $100Hz$；低频振动为 $0.50\sim10Hz$；不定频振动为 $2\sim20Hz$。

高低频振动具有正弦波，其频率与振幅几乎不变，不定频振动无一定周期，经常变化。

对机组振源的分析，通常根据运行经验判断和仪器测振相配合的方式进行。

1. 经验判断

根据长期运行经验，总结出有关振动的一些规律。例如水力振动是水轮机过流部件内的水力不平衡和水流不稳定而引起的振动，一般其振幅随负荷（即流量）增加而增大。判断方法是：关闭导叶，将机组作同步电动机运行，如振动立即消失，则表明属水力振动；反之，则可能是机械和电气因素。

然后，进一步将主轴连接法兰拆开，让发电机单独作同步电动机运行，如振动立即消失，则表明是来自机械振动；反之，则可能是电气因素。

2. 仪器测振

用测振仪作精密定量测振。测出振动部位的振动波形（振幅及频率），再对照有关频率值，进行精密定量分析计算。

为了便于读者对振动进行分析，现将振动特征、振动原因和消除振动的方法列入表5.2供参考。

许多水电站的运行经验表明，水电发电机组振动，直接影响机组甚至水电站厂房的安全稳定运行，同时影响电站的经济效益。尤其是机组向高比转速、大容量方向发展，单机容量增大，机组结构尺寸增大。为减少金属用量，机组刚度相对地降低，振动问题将更加突出。为提高水电厂的安全性、经济性和可靠性，必须对机组振动问题加强调查、研究和总结，提出相应的措施，以提高水电设备的设计制造水平和水电厂的安全经济运行水平。

表 5.2　　　　　　　　　　　　　　　振动特征及振动原因

运行工况	振动特征	可 能 原 因	消除方法
空载无励	（1）振动强度随转速增高而增大。 （2）在低速时也有振动	（1）发电机转子或水轮机转轮动不平衡。 （2）轴线不直；中心不对；推力轴承轴瓦调整不当；主轴连接法兰连接不紧。 （3）与发电机同轴的励磁机转子中心未调好。 （4）水斗式水轮机喷嘴射流与水斗的组合关系不当。 （5）转轮叶片数与导叶数组合不当	（1）动平衡试验，加平衡块，消除不平衡。 （2）调整轴线和中心，调整推力轴瓦。 （3）调整励磁机转子中心。 （4）改善组合关系。 （5）改善组合关系
空载带励	（1）振动强度随励磁电流增加而增大。 （2）逐渐降低定子端电压，振动强度也随之减小。 （3）在转子回路中自动灭磁，振动突然消失	（1）转子线圈短路。 （2）定子与转子的气隙有很大不对称或定子变形。 （3）转子中心与主轴中心偏心	（1）用示波器测出线圈短路位置并进行处理。 （2）停机调整气隙间隙。气隙的最大值或最小值与平均值之差不应超过10%。 （3）如偏心很大时，需用调整定子与转子中心的方法予以消除
空载或带负荷（高水头混流式水轮机）	机组在任何导叶开度下都有摆度，但与负荷和转速无关。振幅可能在几秒钟或几小时后增大	转动部件与固定部件碰撞，如止漏环迷宫间隙偏小	（1）增加止漏环迷宫间隙，使不小于0.001D（D为止漏环的直径）。 （2）如相碰撞，应校正主轴轴线

运行工况	振动特征	可 能 原 因	消除方法
空载或带负荷	主轴摆度或振动与转速无关。当负荷增加后，摆度或振动有所降低	(1) 机组主轴轴线不正。 (2) 推力轴承轴瓦不平整	(1) 调整轴线。 (2) 校正轴瓦
	振动强度随转速和负荷增加成正比增大	(1) 转轮轮缘上突出部件布置不对称，如肋板或平衡块等。 (2) 转轮或导叶流道堵塞，如：木块、石块等。 (3) 转轮止漏环偏心或不圆、水压脉动。 (4) 固定支架松动，如轴承壳体、机架等	(1) 刮去突出部件或用盖板遮盖，使其平滑过渡。 (2) 清除堵塞物。 (3) 调整修理止漏环。 (4) 加固支承结构
	在所有工况下主轴摆度都大	瓦隙过大，或主轴折曲，或机架松动	按制造厂规定调整瓦隙，或调正轴线，加固机架
空载	在某一转速范围内，振动强度骤然增大	接近临界转速，或倍于临界转速	(1) 在开停机过程中越过此振动区。 (2) 改变结构的固有振动频率
带负荷	振动强度随负荷的增加而增大	(1) 磁场不对称。 (2) 推力轴承或导轴承的中心不良。 (3) 主轴连接法兰处折曲。 (4) 推力头与主轴的配合不紧。 (5) 转轮叶片出口边开口不均匀。 (6) 转轮泄水锥太短。 (7) 转轮叶片背部压力脉动。 (8) 定桨式水轮机叶片安装角与导叶配合不当	(1) 消除磁场不对称。 (2) 调整中心。 (3) 校正法兰，消除折曲。 (4) 使其紧固在轴上。 (5) 修正转轮叶片出口边缘开口。 (6) 延长泄水锥长度或将泄水锥过流表面做成弧形。 (7) 向该区补气。 (8) 调整配合关系
	在某一窄负荷区振动剧烈增大，在尾水管内伴有振动和响声	(1) 吸出高度变化。 (2) 转轮翼形不好。 (3) 在转轮叶片上停留有涡流等引起空蚀	(1) 避开振动增大的负荷区。 (2) 向转轮下方补气。 (3) 改变叶片出水边缘形状
	转桨式水轮机在某一负荷区振动增大	协联关系不适于该水头下运行	改善协联关系
	在大负荷区振动剧烈	尾水管太矮	改变尾水管的结构
	露天压力钢管振动	(1) 压力钢管水体自然振荡频率与水轮机尾水管内涡带脉动频率合拍。 (2) 压力钢管刚度不够。 (3) 压力钢管的固有振动频率与其他振动频率共振	(1) 向尾水管补气。 (2) 增加支座数目，减小支座跨距
	功率摆动	尾水管涡带脉动频率与发电机或电力系统自振频率共振	向尾水管补气，或设阻流栅等改变涡带脉动频率和强度
	振动随负荷增加而增大，并伴有啸叫声	水轮机转轮叶片出水边缘卡门涡流振动频率与叶片固有振动频率共振	修整叶片出口边缘形状，或加支撑改变转轮叶片固有振动
	突然振动剧烈	(1) 导叶破断螺钉或剪断销剪断。 (2) 转轮叶片断裂或脱落。 (3) 转轮泄水锥脱落	(1) 更换破断螺钉或剪断销。 (2) 停机检修

运行工况	振动特征	可 能 原 因	消除方法
空载过程或加压过程	发电机定子出现嗡叫声	定子合缝不严	压紧合缝，或改为整体定子结构

5.2　水轮机空蚀与泥沙磨损破坏

1. 空蚀

转轮空蚀对于大、中、小型水力机组都有不同程度的存在。水轮机转轮空蚀一般有四种类型。

（1）与水轮机吸出高程选择和运行的装置空蚀系数有关的空腔空蚀。

（2）与制造质量、检修工艺和转轮叶片材质相关的局部空蚀。

（3）与叶型设计、检修工艺和运行工况有关的叶型空蚀。

（4）与转轮设计、转轮与转轮室间隙、转轮材质及运行工况相关的间隙空蚀。

四种空蚀类型因果不一样，表明了当前转轮空蚀影响因素多而复杂。

2. 裂纹

转轮裂纹部位有一定的规律性，裂纹部位多半出现在转轮叶片根部的进水边和出水边，轴流式转轮枢轴附近及进水边，转轮叶片的下半部及靠近下环等处。另外，水轮机室、尾水管等处也常出现不同的裂纹。常见的转轮裂纹有三种类型，即疲劳裂纹、焊接裂纹和铸造裂纹。三种类型的裂纹反映了转轮裂纹的基本因素，既有转轮结构设计、制造（含铸造）缺陷，又有检修、焊接工艺与运行管理的原因，致使转轮运行时在应力集中的部位发生裂纹。

转轮裂纹危害性很大，当裂纹扩展成穿透性裂纹，往往会造成整个叶片断裂事故，降低水轮机的运行可靠性和使用寿命。

3. 磨损

磨损是指水轮机过流表面受泥沙作用所产生的损坏，即当通过水轮机流道的工作水流中有一定数量、带有棱角的坚硬泥沙颗粒时，沙粒撞击和磨削过流表面，使其材料因疲劳和机械破坏而损坏的过程称为泥沙磨损。通常水轮机过流表面在泥沙水流中既有泥沙磨损又有空蚀，即两者联合作用，互相促进，加速破坏进程。一般转轮空蚀严重的部位也是磨损严重的区域，因为空蚀后的蜂窝状酥松表面，很容易被泥沙水流冲刷切削掉，随之又有空蚀发生。因此，水轮机磨损（磨蚀）部位大体上似同水轮机转轮空蚀部位。

5.3　发电机故障

5.3.1　发电机定子故障

定子是发电机主要结构部件，它包括定子机座、定子铁芯及定子绕组三部分。在发电机运行时，围绕定子结构，出现的故障基本包括三个方面：定子机座故障、定子铁芯故障和定子绕组故障。

定子机座是承重部件，承受机架荷重并传到基础，支承铁芯、绕组、冷却器及盖板等部件，对于悬吊式发电机除了承受整个机座转动部件的重量外，还承受来自发电机的磁拉力和铁芯热膨胀力的径向力以及短路时发生的切向力。因此，由于上述结构特点和机座刚度问题，易引起定子机座振动和变形。近年来，随着定子尺寸的加大，为了防止定子翘曲变形，在机组设计时采用了"浮动式机座"，这样可在不变动水力机组中心的前提下，保证了定子圆度，对于防止定子温升偏高和振动，起到较好地抑制作用。

定子铁芯是定子的重要部件，它是磁路的主要组成部分并用以固定绕组。定子运行时，定子铁芯往往受到机械力、热应力和磁拉力的综合作用，易引起铁芯松动、受热膨胀，加上长期运行，产生硅钢片弯曲变形，定子组合缝松动，造成定子极频振动。为了降低机座承受的径向力和铁芯的轴向波浪度，有的发电机采用了"浮动式铁芯"，使铁芯相对于机座能自由膨胀和收缩。

定子绕组是产生电势和输送电流的部件，它是由扁铜线绕制而成；表面包上绝缘材料（通常采用环氧云母等复合型绝缘材料）。由于发电机长期运行，受到温度变化的影响，冷热膨胀，绝缘变化，材料变脆，气隙扩大，加之绝缘材料的不均匀性造成电场分布的不均匀等原因，容易引起定子线圈绝缘放电匝线短路，使定子绕组主绝缘破坏。另外，由于温度变化，定子槽楔松动，还会造成定子线棒振动，特别容易造成线棒端部因振动而导致绝缘损坏。对于水内冷定子绕组线棒，由于结构和制造工艺的缺陷，安装和检修水平以及线棒鼻部汇水盒内遗留物等原因，造成空心导线流量降低甚至堵塞，使鼻部接头或槽部股间绝缘放电和大面积过热，股线振动、裂纹、断股、内层主绝缘损坏；还易引起焊接头破裂漏水，导致绝缘受潮，绝缘电阻下降，相间短路，烧毁定子线棒。

5.3.2 发电机转子故障

转子是发电机转动部件，主要由发电机主轴、转子支架、磁轭和磁极等部件组成。

发电机主轴是用来传递转矩，并承受转子部分的轴向力，它与水轮机轴通过法兰连接构成水力机组轴线。轴线运行的好坏，直接影响到发电机转动部件的动态特性。

转子支架主要用于固定磁轭并传递扭矩，它把磁轭和发电机主轴连成一体，构成了转子铁芯。正常运行时，转子铁芯要承受扭矩、磁极和磁轭的重力矩、自身的离心力以及热打键径向配合力的作用。

磁轭本身是产生转动惯量和固定磁极的，同时，也是电磁磁路的一部分。磁轭的结构根据水力机组容量不同，可分为无支架磁轭结构、与支架合为一体的磁轭和有转子支架的磁轭结构。其中有转子支架的磁轭结构，磁轭是通过支架与轮毂和轴连成一体的，适用于水电站大、中型水轮发电机转子。转子铁芯由于结构特点和受力特性，在运行中，若铁芯温度过高，硅钢片卷曲变化、磁轭松动、下沉或转子磁极外圆不圆和水力机组轴系运行不对中等原因，将引起转子铁芯结构和受力变化，造成发电机转子失衡状态。

转子磁极由磁极铁芯、磁极线圈和阻尼绕组组成，是产生磁场的重要部件，当励磁机的直流励磁电流通入磁极线圈后，使发电机产生电磁场，具备发电条件。转子磁极在运行中常见的故障包括转子磁极线圈的绝缘电阻过低，引起的线圈接地和线圈匝间短路等，阻尼绕组的阻尼环与连接板接触不良，阻尼环变形及阻尼条断裂等，这些故障对发电机的转子运行、发电机的运行品质都具有直接影响。

第6章　水力机组智能故障诊断模型

由于水力机组的故障机理复杂，故障种类繁多，故障耦合因素多，其结构和运行环境的特殊性，其故障特点与其他旋转机械相比也具有独特性。水力机组运行中的一个故障的形成往往是众多因素共同作用的结果，且这些因素之间互相影响、相互联系，采用简单的推理方法很难准确找出引起振动的所有因素，尤其是故障不同征兆对故障类型判别的贡献大小难以确定。

目前在水力机组振动故障诊断中主要采用的是传统基于人工经验的现场诊断方法，由于该方法由于过分依赖于专家经验，往往具有主观性，并受时间和地域的限制。由于机组结构复杂的不断增加、自动化程度的提高，单纯依靠专业工程技术人员分析处理机组监测系统中得到的海量数据非常困难，因此必须提高水力机组故障诊断的自动化和智能化程度，实现对设备的高效、可靠的智能诊断。近年来，伴随科学技术发展和多学科相互交叉与渗透，尤其是信号处理技术和现代人工智能算法的发展，国内外学者提出了众多有效的智能故障诊断方法，并在实践中取得了显著的成效。这些方法可以分为基于规则的故障诊断方法、基于数据驱动的方法和基于模板匹配的方法三大类。

（1）基于规则的故障诊断方法主要有故障树法、专家系统。

（2）基于数据驱动的方法有神经网络、免疫系统、贝叶斯网络。

（3）基于模板匹配的方法有模板匹配的诊断方法往往借助非数值型的特征、如趋势曲线、轴心轨迹、红外热像图及案例文本等，通过计算与标准样本的相似程度来进行故障的判别。对于水力机组，由于故障机理的认识还不够充分，且相关故障样本的稀少，因此研究内容较少，亟须进行深入的研究。

6.1　故障树法

故障树分析法（Fault Tree Analysis，FTA）是故障诊断技术中的一种有效方法。它是一种将系统故障形成的原因进行由总体至部件按树枝状逐级细化的分析方法。在分析过程中，针对某个特定的不希望事件进行演绎推理分析，基于故障的层次特性，其故障成因和后果的关系往往具有很多层次并形成一连串的因果链，加之一因多果或一果多因的情况就构成了"树"或"网"。一般把最不希望发生的系统故障状态作为系统故障识别和估计的目标，这个最不希望发生的系统故障事件称为顶事件，然后在一定的环境和工作条件下，由上至下找出导致顶事件的直接成因，并作为第二级，依次再找出导致第二级故障事件的直接成因作为第三级，如此下去，一直到不能再深究的事件是基本事件，这些基本事件被称为底事件，介于顶事件和底事件之间的一切事件称之为中间事件。用相应的符号代表顶事件、中间事件、底事件，并用适当的逻辑门自上而下逐级连接起这些事件所构成的逻辑图被称为故障树。故障树分析法实质上是一种"由果到因"的演绎分析方法。

故障树分析既可用定性模型也可以用定量模型。故障树的果因关系清晰、形象，对导致事故的各种原因及逻辑关系能做出全面、简洁、形象地描述，因而在各行业故障诊断中得到广泛而重要的应用。

故障树法对故障源的搜寻，直观简单，它是建立在正确故障树结构的基础上的。因此建造正确合理的故障树是诊断的核心与关键。但在实际诊断中这一条件并非都能得到满足，一旦故障树建立不全面或不正确则此诊断方法将失去作用。

6.1.1　故障树分析的基本理论

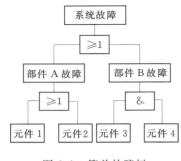

图 6.1　简单故障树

故障树（FT）模型是一个基于被诊断对象结构、功能特征的行为模型，是一种定性的因果模型，以系统最不希望事件为顶事件，以可能导致顶事件发生的其他事件为中间事件和底事件，并用逻辑门表示事件之间联系的一种倒树状结构。它反映了特征向量与故障向量（故障原因）之间的全部逻辑关系。图 6.1 即为一个简单的故障树，其中顶事件是系统故障，由部件 A 或部件 B 引发，而部件 A 的故障又是由两个元件 1、元件 2 中的一个失效引起，部件 B 的故障是在两个元件 3、元件 4 同时失效时发生。

故障树分析诊断法步骤如下：

（1）调查事故。收集事故案例，进行事故统计，设想给定系统可能发生的事故。

（2）选择合理的顶事件。一般以待诊断对象故障为顶事件。

（3）建造正确合理的故障树。这是诊断的核心与关键。

（4）故障搜寻与诊断。根据建立的故障树，对故障进行搜寻和诊断。搜寻方法有逻辑推理诊断法和最小割集诊断法等。

6.1.2　故障树生成和故障源搜寻

（1）故障树生成方法。在故障树分析技术中，故障树生成是最基本、最关键的环节，也是使用故障树分析的前提条件。当系统的因素交错在一起时，很难避免发生逻辑上的错误和遗漏，人们不得不寻求和开拓由计算机辅助建树的途径。近年来相继出现了一些较好的算法和程序，但尚存在许多争议的困难问题，尤其是各类算法的特性和适用范围各异，其算法对部件失效模式的描述不能统一，至今未出现比较规范和系统化的算法。葛跃飞在《故障树自动生成技术的研究与实现》中以寻求较规范化和系统化的算法为出发点，提出了一种在建立描述元件（部件）故障模型的基础上，基于系统分析利用邻接矩阵确定系统故障树顶部结构，然后通过子要素级别分析，强连接关系识别和基本子要素的确定，最终自动生成故障树的方法。应用该方法大大增强了故障树的可读性，简化了系统故障树生成的复杂性，为故障树生成节省大量重复劳动，使生成的故障树具有更强的理论依据和可行性。

（2）故障源搜寻与诊断方法。在建立了正确的故障树之后，要准确地分析故障，就需要对故障源进行搜寻和诊断，根据搜寻方式的不同，主要有逻辑推理诊断法和最小割集诊断法。

（3）逻辑推理诊断法。采用从上而下的测试方法，从故障树顶事件开始，先测试最初的中间事件，根据中间事件测试结果判断测试下一级中间事件，直到测试底事件，搜寻到故障原因及部位。

（4）最小割集诊断法。所谓割集是指故障树的一些底事件集合，当这些底事件同时发生时，顶事件必发生；而最小割集是指割集中所含底事件除去任何一个时，就不再成为割集了。一个最小割集代表系统的一种故障模式。故障诊断时，可逐个测试最小割集，从而搜寻故障源，进行故障诊断。

故障树分析是一项很复杂的工作，尤其对于大型故障树的分析，手工分析难以体现系统中复杂的逻辑关系，不但耗费大量的工作时间，而且难以达到暴露可靠性薄弱环节的目的。

6.1.3 故障树的定性分析

故障树的定性分析在故障树分析技术中具有非常重要的作用，其目的是找出致使故障产生的一切可能因素，它有助于查找出设备潜在故障并指导诊断。一个完整的故障树可以将底事件致使故障产生的逻辑关系显示出来，但是不能轻易地从故障树中找出所有导致故障产生的原因。故障树的进行定性分析能够方便有效的解决此类问题，通过定性分析可以判定各种可能的故障模式。

1. 最小割集及其求法

假设一设备故障树有 n 个底事件 X_1，X_2，…，X_n，存在一个子集 $S=\{X_{i1},X_{i2},…,X_{ik}\}$，其中 $i=1$，2，…，k，且 $\{X_{i1},X_{i2},…,X_{ik}\}\subset\{X_1,X_2,…,X_n\}$，当集合 S 发生（$X_{i1}=X_{i2}=…=X_{ik}=1$）时，此时顶事件 M 一定发生，那么就称子集 S 为故障树 M 的一个割集，割集数为 k。假设 S 是故障树 G 中的其中一个割集，在集合 S 中随机去除一个基本事件，若去除后的集合不再是故障树 G 的割集，则称集合 S 是 G 的一个最小割集。

2. 布尔化简法

布尔化简法在故障树定性分析中有着非常重要的作用，对于布尔代数运算规则的学习也十分必要。故障树定性分析中常用的布尔运算法则如表 6.1 所示。

表 6.1   常用布尔代数运算法则

序号	数学符号	工程符号	名称
1	$x\cup x=x,x\cap x=x$	$x+x=x,x\cdot x=x$	等幂律
2	$x\cup y=y\cup x$	$x+y=y+x$	加法交换律
3	$x\cap y=y\cap x$	$x\cdot y=y\cdot x$	乘法交换律
4	$x\cup(x\cap y)=x$	$x+(x\cdot y)=x$	加法吸收律
5	$x\cap(x\cup y)=x$	$x\cdot(x+y)=x$	乘法吸收律
6	$x\cup(y\cup z)=(x\cup y)\cup z$	$x+(y+z)=(x+y)+z$	加法结合律

序号	数学符号	工程符号	名称
7	$x\cap(y\cap z)=(x\cap y)\cap z$	$x\cdot(y\cdot z)=(x\cdot y)\cdot z$	乘法结合律
8	$(x\cap y)\cup(x\cap z)=x\cap(y\cup z)$	$x\cdot y+x\cdot z=x\cdot(y+z)$	加法分配律
9	$(x\cup y)\cap(x\cup z)=x\cup(y\cap z)$	$(x+y)\cdot(x+z)=x+y\cdot z$	乘法分配律
10	$\overline{(x\cup y\cup z)}=\overline{x}\cap\overline{y}\cap\overline{z}$	$\overline{(x+y+z)}=\overline{x}\cdot\overline{y}\cdot\overline{z}$	德摩根定律
11	$\overline{(x\cap y\cap z)}=\overline{x}\cup\overline{y}\cup\overline{z}$	$\overline{(x\cdot y\cdot z)}=\overline{x}+\overline{y}+\overline{z}$	德摩根定律
12	$x\cup x=\Phi,x\cap x=\phi$	$x+x=\Phi,x\cdot x=\phi$	互补定律

3. 二元决策图

二元决策图（Binary Decision Diagrams，BDD）是对布尔表达式进行分解得到的一种能够直观反映函数结构的逻辑图形表达式。将二元决策图引入到系统故障诊断分析中极大地提高了故障树定性分析的效率，其在大型复杂系统设备故障树分析计算中可有效避免计算量随故障树规模的扩展而无限增大。基于二元决策图的故障树分析法的分析过程是要先将故障树转化为二元决策图，在以二元决策图为基础即可得到割集。

二元决策图的节点分为具有 1 或 0 的布尔函数值终节点及没有明确节点值的非终节点两种，布尔函数对变量的赋值通过根节点到终节点的路径表示出来，节点是以"1""0"显示出的边连接，如图 6.2 所示。

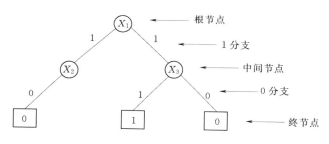

图 6.2　二元决策图

在将故障树转化为二元决策图的方法中模块连接法是一种相对简单实用的方法，它从故障树的底层事件开始分析，不将基本事件的排序问题考虑在内，把逻辑门以及事件以相应的准则连接在一起就能得到二元决策图，再通过一系列的简化规则对其进行化简得到最终的二元决策图。

二元决策图的生成过程是以相应的规则进行转化的。故障树的逻辑门"与"门、"或"门的输入分别连接到它的每一个"1"分支和"0"分支上；在进行两个二元决策图合并时，需将两个二元决策图划分为"重要""次要"二元决策图，若两者是与门关系，则将"次要"二元决策图连接到"重要"二元决策图的每个"1"分支上，若两者为或门关系，将"次要"二元决策图连接到"重要"二元决策图的每个"0"分支上。其连接过程如图 6.3 所示。

6.1.4　故障树的定量分析

对故障树进行定量分析的目的就是要获取所分析系统设备故障发生的概率以及设备各

零部件的重要度指标。其主要工作是确定底事件失效率，通过底事件失效率求取系统发生故障的概率，计算最小割集发生对系统出现故障影响的重要度。

顶事件发生的概率是由底事件发生的概率决定，在实际工业生产应用中故障树底事件的概率往往是由故障历史数据及实际经验得到。故障树底事件之间以逻辑关系"与"连接，最小割集的概率即是各底事件概率的乘积，则顶事件发生的概率可通过各最小割集的逻辑关系进行计算得出。

导致系统故障发生的最小割集中，最小割集之间可能会包含有相同的底事件，表示最小割集之间是相容的，应用容斥定理对系统故障发生的概率进行求解。

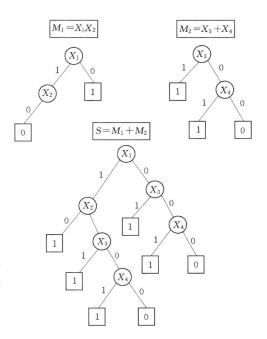

图 6.3　模块连接法示例

顶事件为 $T = C_1 + C_2 + \cdots + C_n$ 其中 C_1, C_2, $\cdots$, C_n 为最小割集。

则顶事件发生的概率为

$$p_T = \sum_{i=1}^{n} p(c_i) - \sum_{i=1}^{n-2} \sum_{j=i+1}^{n} p(c_i c_j) + \sum_{i=1}^{n-2} \sum_{j=i+1}^{n-1} \sum_{k=j+1}^{n} \left[p(c_i c_j c_k) + \cdots + (-1)^{n-1} p(c_1 c_2 \cdots c_n) \right]$$

$$(6-1)$$

式中　C_i、C_j、C_k——第 i、j、k 个最小割集。

由式（6-1）可知当最小割集数 n 较大时 P_T 的计算量会变得非常庞大，而在实际计算中经常采用取近似的方法去计算 P_T 在式（6-1）中，有

$$p_1 = \sum_{i=1}^{n} p(c_i), p_2 = \sum_{i=1}^{n-2} \sum_{j=i+1}^{n} p(c_i c_j), p_3 = \sum_{i=1}^{n-2} \sum_{j=i+1}^{n-1} \sum_{k=j+1}^{n} p(c_i c_j c_k) \qquad (6-2)$$

则

$$p_T = p_1 - p_2 + p_3 + \cdots + (-1)^{n-1} p_n \qquad (6-3)$$

作一级近似，取

$$p_T = \sum_{i=1}^{n} p(c_i) \qquad (6-4)$$

6.1.5　故障树重要度分析

一般情况下一个系统设备是由多个零部件所组成，而每个零部件在整个系统中的重要度也不尽相同，我们将故障树的某一割集失效时对系统故障发生的影响程度称为故障树的重要度，它是对设备中各元件重要度的一种评价。故障树中事件重要度大小表明了其对设备故障发生影响的大小，它在系统优化设计、设备故障诊断方面有着十分重要的作用。

（1）结构重要度。在结构方面对各部件在系统中的重要度进行分析。

（2）概率重要度。它表示设备中某组成元件故障发生概率的变化对顶事件故障发生概率的影响程度。

6.2 专家系统

故障诊断专家系统可以认为是应用了大量专家的知识和推理方法求解复杂的实际问题的一种人工智能计算机程序。它通过大量的"IF-THEN"结构的规则来表达专家多年积累的经验和专门知识，模拟专家的思维过程，解决该领域中需要专家才能解决的复杂问题。不少学者在这一领域开展了大量研究。专家系统故障诊断方法在解决没有精确数学模型或者模型难以建立的复杂系统问题上具有优势，但仍存在着一定的局限，主要体现在作为专家系统的核心的知识库和推理机制的建立上。专家系统的应用依赖于专家知识的获取，这是专家系统研发中的一个瓶颈问题。此外，专家系统的推理机制较大程度地决定了系统的自适应能力、学习能力以及实时性，而针对特定问题的有效推理机制的建立尚存在困难。

6.2.1 专家系统的基本理论

专家系统是一种设计用来对人类专家的问题求解能力建模的计算机程序。专家系统是一个具有大量的专门知识与经验的程序系统，它应用人工智能和计算机技术，根据某一个或者多个专家提供的知识和经验，进行推理和判断，模拟专家的决策过程，以便解决那些需要专家才能解决处理的复杂问题，它在理论和工程上都应用广泛。专家系统中要模拟专家的两点是：专家的知识和推理。要实现这一点，专家系统必须有两个主要模块，即知识库和推理机。因此，专家系统的简化结构图如图6.4所示。

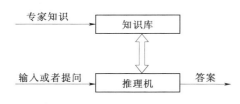

图 6.4　简化专家系统结构图

目前很多水机故障主要通过现场工程师和行业内的专家诊断，如果能够把水机专家的知识水平和经验构成知识库，就能够利用知识库来解决水机已知机理故障问题。然而一些特殊故障还需要进行专家会诊，有很多故障机理还不是很清楚，所以就目前而言建立水力机组故障诊断的专家知识库还不够完善，知识库内容还不够丰富。所以建立的专家库应该具有学习功能，理想的专家系统主要由知识库，数据库，推理机，学习系统，上下文，征兆提取器，解释器组成，其结构图如图6.5所示。

然而专家系统也有不易克服的缺陷，具体问题如下：

（1）知识获取的"瓶颈"问题。一方面由于专家知识有一定局限性，另一方面由于专家知识表述规则化有相当大的难度，两者造成了诊断知识库的不完备，当遇到一个没有相关规则与之对应的新故障现象时，系统显得无能为力。

（2）知识的推理。传统的专家系统是用串行方式，其推理方法简单，控制策略不灵活，容易出现"匹配冲突""组合爆炸"及"无穷递归"等问题，且推理速度慢、效率低。

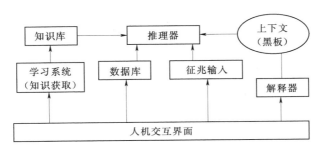

图 6.5　理想专家系统结构图

（3）系统缺乏自学习和自完善能力。现行的故障诊断专家系统在运行过程中不能从诊断的实例中获得新的知识，并且对一些新奇的故障和系统涉及的一些边缘问题求解具有很强的脆弱性。系统的求解能力完全局限于知识库中仅有的规则，对知识获取时专家知识具有不一致性、不完全性和不准确性，系统不能在实例系统中自我完善。

6.2.2　水力机组故障诊断专家系统

中国水科院潘罗平、周叶团队运用面向对象的开发工具 Delphi 编程逻辑构造了专家系统知识库，依据结构—测点—故障—征兆的结构构造了 SQL Server2000 数据库，知识库包含机组的动态与静态资料，还包含有诊断规则数据，开发出了水轮机组故障诊断专家系统。

1. 故障诊断专家系统的组成

故障诊断专家系统主要由知识库、数据库、推理方法、控制策略、知识获取、上下文、征兆提取模式组成。

2. 故障诊断专家系统的框架结构

设备故障诊断专家系统的框架结构可用图 6.6 表示。

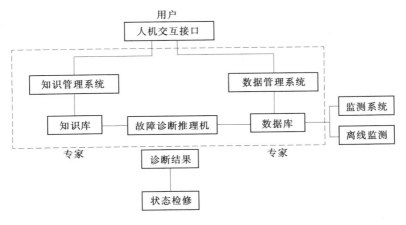

图 6.6　故障诊断专家系统的框架结构

（1）数据库中是状态监测平台输入的监测数据，包括数据参量的趋势分析、报警信息、设备故障历史及故障知识等，同时还应包括用户输入的故障征兆、诊断的解释、路径等。

（2）数据管理系统对各种静态和动态数据进行分类、组织和管理。

（3）知识库中存放的知识包括工作环境、系统知识、规则库、数据类型等。

（4）知识管理系统包括知识的获取、修改和编辑。

（5）人机交互接口可以为数据库增添系统故障前或故障发生时观测到的一些特征量。

3. 领域专家知识的获取

水力机组故障诊断专家系统以水力机组的水轮机、发电机、轴承及辅机系统（包括发电机冷却系统、调速系统、励磁系统、主变、GIS 等辅助系统）为监测诊断对象，知识库应获取的知识包括所有与诊断水力机组故障有关的知识。具体技术实施方案为：

（1）以水力机组水轮机、发电机、轴承及辅机系统为单元，整理各系统内包含的所有设备种类、数量、基本参数，并根据各设备发生故障对本系统及整个机组的危害程度将设备分为三个等级：普通、重要、关键。

（2）通过书本知识、文献资料、电厂调研、行业学术会议交流等方式尽可能全面地收集并整理国内主要电站设备系统的故障案例信息，包括设备基本参数（生产厂家、年限、使用状况、正常运行参数范围、运行报警值、故障及维修历史）、故障表征、原因、状态监测的数据记载和分析结果、影响、解决及维修措施。同时和整理的故障知识条例对应，封闭其故障案例。

（3）上述获得的知识非常宝贵但往往缺乏系统性，须对调研收集来的专家知识进行系统的整理提炼，并以一种便于计算机识别的方式表达出来。目前专家系统常用的知识表示方法有规则、框架、语义网络、谓词逻辑等。这些方法各有特点且各有一定的适用范围。鉴于规则表示方法在诊断型专家系统领域内应用最为广泛，本系统拟采用了基于规则的知识表示方法。将术语与概念以及故障诊断机理相联系，逐条将获取的知识条理化，从而把求解问题的关键知识提炼出来并用相应的规则性语言表达和描述。

4. 知识库组织设计

根据诊断知识的类型和知识库的功能要求，考虑到知识表达的充分性和完备性、知识库管理、维护和方便性等，对知识库进行模块化划分。分为征兆库、元知识库和经验知识库、对策知识库。

（1）征兆库用于存放各种征兆，征兆是对故障各种特征表现的定性或定量描述，是诊断推理的主要依据，是最低层次的知识。征兆由征兆的属性、征兆值组成。征兆的属性表示某类征兆，征兆值表示征兆的具体值或征兆的可信度，每个征兆属性，有一个或若干个征兆值。

（2）元知识用于刻画领域知识的结构和内容，指导经验知识的选择，优化系统结构等，是最高层次的知识；经验知识是领域专家长期实践经验的总结，是对故障与征兆之间的因果关系所作的判断，这种知识让往往缺乏严格的理论依据，但在一定条件下能够简洁有效地解决问题，元知识库和经验知识库在表示方法上是相同的，即都用规则的表示方法，只是在内容上，元知识库抓住了故障的最主要的必不可少的征兆，根据元知识库确定候选故障，为提高系统推理效率创造了条件。

（3）对策知识是发生故障时是否应该采取或采取怎样的处理措施。对策知识库的编辑较简单，由故障代码和对策知识组成。

5. 故障诊断动静态数据库的开发

（1）动态数据库（实时数据库）用于接收、存储应用于当前故障诊断的设备监测实时数据，48h 或 72h 内连续保存的历史设备数据，还应提供历史数据的压缩/还原、管理和访问功能。

监测实时数据主要来源于状态监测系统、监控系统、离线的监测设备、采集装置或其他监测装置，分为电气量数据和非电气量数据。

（2）静态数据库（关系数据库）用于保存完备的设备状态、设备检修、故障处理等数据档案，为设备状态维修决策提供基础数据。主要包括：

1）设备台账档案管理，包括定义设备编码、故障编码，设备静态信息，资产变动信息、设备履历及工艺卡片等。

2）设备维护信息管理，包括点检、巡检、故障记录、维修计划（进度、资源、物料、简易成本）、项目执行、进度确认、工时确认、安全工作单、维修记录等。

3）建立正常运行、启停机或发生故障等特定工况下的全部状态参数的数据库。

4）收集设备故障知识库，建立故障诊断案例库为设备的后续诊断和维护提供非常重要的经验资料。

6.3 人工神经网络

人工神经网络（Artificial Neural Network，ANN）是理论化的人脑神经网络的数学模型，是基于模拟人脑神经网络结构和功能的一种信息处理系统。它由大量简单元件相互连接而成的复杂网络，可以进行复杂逻辑操作和非线性关系实现的系统。人工神经网络主要包括学习（训练）与诊断（匹配）两个过程。

神经网络是一种具备自适应、可训练、容错、可联想记忆和大规模并行计算能力的机器学习方法。当前，神经网络技术已成为旋转机械故障诊断领域的研究热点。在具体应用中，神经网络即可以作为故障识别分类器对故障模式进行识别，又可以从预测的角度建立神经网络预测模型对设备故障进行早期预知或对设备剩余寿命进行预测，还可以从知识处理的角度建立基于神经网络的故障诊断专家系统。神经网络故障诊断虽然有它独特的优越性，但也存在一些不足。主要表现在三方面：一是训练样本获取困难；二是网络权值形式表达方式不易理解；三是忽视了领域专家的经验知识。

6.3.1 人工神经网络的发展

人工神经网络早期的研究工作可以追溯至 20 世纪 40 年代。1943 年，生物学家 W. S. McCulloch 和数理逻辑学家 W. Pitts 建立了神经网络 MP 模型，提出了神经元的概念，证明了单个神经元能执行逻辑功能，从而开创了人工神经网络研究的时代。因此他们两人可称为人工神经网络研究的先驱。

20 世纪 60 年代，人工神经网络得到了进一步发展，更完善的神经网络模型被提出人工神经网络，其中包括感知器和自适应线性元件等。20世纪50年代末，F·Rosenblatt 设计制作了"感知机"，这是一种多层的神经网络。首次将人工神经网络的研究从理论研究到工程实践，很快感知器应用于文字、声音、声呐信号识别研究中。然而，这次神经网络的研究高潮未能持续很久，1969年M. Minsky出版了《Pdrceptron》一书，指出感知器不能解决高阶维问题，线性感知机功能是有限的，不能解决如异感的基本问题，多层网络还不能找到有效的计算方法。随着人们对感知机兴趣的衰退，神经网络的研究沉寂了很长一段时间。

直到20世纪80年代才开始了神经网络的复兴，1982年，美国加州工学院物理学家 J. J. Hopfield提出了Hopfield神经网格模型，引入了"计算能量"概念，给出了网络稳定性判断。于1984年，他又提出了连续时间Hopfield神经网络模型，为神经计算机的研究做了开拓性的工作，开创了神经网络用于联想记忆和优化计算的新途径，有力地推动了神经网络的研究，1985年，波耳兹曼模型被提出，在学习中采用统计热力学模拟退火技术，保证整个系统趋于全局稳定点。形成了20世纪80年代中期以来人工神经网络的研究热潮。

神经网络的发展经历了启蒙、低速发展、复兴三个阶段。目前人工神经网络的研究受到了各个发达国家的重视，日本，人工智能研究是"真实世界计算（RWC）"项目中一个重要组成部分；美国国会通过决议将1990年1月5日开始的十年定为"脑的十年"，目前，已有近40种神经网络模型，其中有反传网络、感知器、自组织映射、Hopfield网络、波耳兹曼机、适应谐振理论等。

含有隐层的感知器能够提高网络的分类能力，但是在很长一段时间里能够提出解决隐层连接层的权值调整问题的有效算法。1986年Rumelhart和McCelland提出BP（Back Propagation）网络，这是一种按误差逆传播算法训练的多层前馈网络，BP算法的提出，成功地解决了多层前馈神经网络权重调整问题。BP网络成为目前应用最广泛的神经网络模型之一。

6.3.2 BP算法及网络结构

BP算法的基本思想是：学习过程由信息的正向传播和误差的反向传播两个过程组成。正像传播时，输入层神经元接收自外界输入样本，经过隐层处理后，逐步传递给输出层。当实际输出与期望输出不符时，则转入误差的反向传播阶段。误差反穿是将输出误差以某种形式通过输出层，按误差梯度下降的方式修正各层权值，向隐层、输入层逐层反传。这样信号的正向传播和误差反传播中，调整着各层权值。神经网络学习训练的过程就是周而复始的信息正向传播和误差反向传播，各层权值不断调整，此过程一直进行到网络输出的误差减少到预先设定的学习次数或训练步数为止。

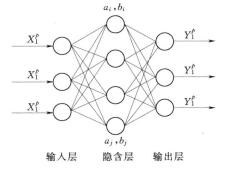

图 6.7　BP神经网络结构

如图6.7为单隐层网络结构，它包含输入层，隐层、输出层三层网络结构。感知器模型处理信息的基本原理是：输入信号 X_i 通过中间节点（隐层点）作用于输出节点，经过非线形变换，产生输出信号 Y_k，网络训练的每个样本包括输入向量 X 和期望输出量 t，网络输出值 Y_k 与期望输出值 t 之间的偏差，通过调整输入节点与隐层节点的连接强度取值 W_{ij} 和隐层节点与输出节点之间的连接强度 T_{jk} 以及阈值，使误差沿梯度方向下降，经过反复学习训练，确定与最小误差相对应的网络参数（权值和阈值），训练即告停止。此时经过训练的神经网络即能对类似样本的输入信息，自行处理输出误差最小的经过非线形转换的信息。

6.3.3　BP 神经网络模型

BP 网络模型包括其输出模型、传递函数模型、误差计算模型和自学习模型。

1. 输出层模型

（1）隐节点输出模型为

$$O_j = f(\sum w_{ij} x_i - q_j) \qquad (6-5)$$

（2）输出节点输出模型为

$$Y_k = f(\sum T_{jk} O_j - q_k) \qquad (6-6)$$

式中　f——非线形作用函数；

　　　　q——神经单元阈值。

2. 传递函数模型

传递函数是反映下层输入对上层节点刺激脉冲强度的函数又称刺激函数，一般取为（0，1）内连续取值 Sigmoid 函数（图 6.8）为

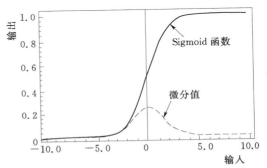

图 6.8　Sigmoid 函数图

$$f(x) = \frac{1}{1 + e^{-x}} \qquad (6-7)$$

3. 误差计算模型

误差计算模型是反映神经网络期望输出与模拟输出之间误差大小的函数为

$$E_p = 1/2 \sum (t_{pi} - O_{pi})^2 \qquad (6-8)$$

式中　t_{pi}——节点的期望输出值；

　　　　O_{pi}——节点计算输出值。

4. 自学习模型

神经网络的学习过程，即连接下层节点和上层节点之间的权重矩阵 ΔW_{ij} 的设定和误差修正过程。自学习模型为

$$\Delta W_{ij}(n+1) = h \Phi_i O_j + a \Delta W_{ij}(n) \qquad (6-9)$$

式中　h——学习因子；

　　　　Φ_i——输出节点 i 的计算误差；

　　　　O_j——输出节点 j 的计算输出；

　　　　a——动量因子。

BP 神经网络流程图如图 6.9 所示。

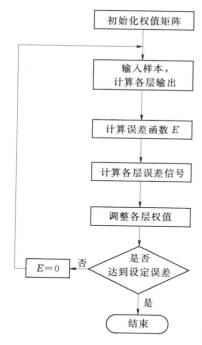

初始化权值矩阵

输入样本，
计算各层输出

计算误差函数 E

计算各层误差信号

调整各层权值

是否
达到设定误差 —否→ $E=0$

↓是

结束

图 6.9　标准 BP 神经网络流程图

6.3.4　BP 神经网络模型的局限性及优化策略

1. BP 神经网络算法的缺陷

BP 神经网络具有很强的非线性映射能力和柔性网络结构。可根据具体情况任意设定隐含层数、各层的处理单元数及网络学习系数，同时随着结构的差异其性能也有所不同。将 BP 神经网络算法用于具有非线性变换函数的三层感知器，可以以任意精度逼近任何非线性函数。然而标准 BP 神经网络算法在应用中也暴露了不少缺陷，主要存在一些缺陷如下：

（1）训练次数多使得学习收敛速度慢。

（2）容易形成局部最优而不能保证收敛到全局最优。因为 BP 算法误差是以误差的平方和为目标函数，用梯度法求其最小值，当目标函数不能满足正定要求时，必然会产生局部极优点。

（3）隐含层节点选取无理论指导，一般是根据经验确定。

（4）学习新样本有遗忘旧样本的趋势。一个已训练结束的 BP 网络，当给它提供新的记忆模式时，重新训练后的模型会使原有的连接权打乱，导致原有学习模式的信息消失。

2. BP 神经网络算法的改进

针对以上所述的缺点，对 BP 神经网络算法改进办法有：

（1）隐层节点数的优化。隐节点数的多少对网络性能的影响较大，当隐节点数太多时，会导致网络学习时间过长，甚至不能收敛；而当隐节点数过小时，网络的容错能力差。利用逐步回归分析法并进行参数的显著性来检验动态删除一些线形相关的隐节点，节点删除标准：当由该节点出发指向下一层节点的所有权值和阈值均落于死区（通常取 ± 0.1、± 0.05 等区间）之中，则该节点可删除。最佳隐节点数 L 可计算为

$$L=(m+n)^{1/2}+c \qquad (6-10)$$

式中　m——输入节点数；

　　　n——输出节点数；

　　　c——介于 $1\sim10$ 的常数。

（2）学习率 h 的优化。采用变步长法根据输出误差大小自动调整学习因子，来减少迭代次数和加快收敛速度。

$$h=h+a[Ep(n)-Ep(n-1)]/Ep(n) \qquad (6-11)$$

式中　a——调整步长，$0\sim1$ 之间取值。

（3）传递函数的改进。Sigmoid 变换函数的输出动态范围为（0，1）并非最佳，可将输出范围改进为（$-1/2$，$+1/2$），同时，对 Sigmoid 变换函数偏置，使节点的输出范围为（$-1/2$，$+1/2$）。也可以构造一个新的组合函数来满足 Sigmoid 变换的要求，其导数

能在一些重要点上取得较大值，从而提高学习速率。

（4）神经网络的网络权值、网络结构、学习规则的优化都可以通过遗传算法对其进化。

6.4 基于免疫系统的故障诊断

6.4.1 免疫系统的故障诊断概述

免疫（Immunity）是机体的保护性生理反应，即通过识别"自己"和"非己"，排除抗原性"异物"（病原生物及其产物、衰老的自身细胞、突变产生的异常细胞），维持机体内环境平衡。随着人们对生物免疫系统认识的不断深入，20世纪90年代中后期在国际上出现了人工免疫系统（Artificial Immune System，AIS）的研究热潮。人工免疫系统具有自然防御机理的技术，能实现噪声忍耐、无教师学习、自组织、不需反面例子，并明晰地表达学习的知识，具有内容可访记忆并能遗忘很少使用的知识，同时还具有分布式并行处理和鲁棒性等优点。目前，人工免疫系统的研究领域已涉及许多方面，研究成果展示了AIS解决复杂问题的能力和在工程中的应用潜力。

6.4.2 水力机组运行状态空间描述

水力发电企业根据上游来水、电网电力需求以及自身实际情况制定本企业水力机组的运行计划。对水力机组而言，它将运行在不同的工况下。根据其运行状态是否正常，水力机组的状态空间 C 可以划分为互补的两大块，即正常运行状态空间 NF 和异常运行状态空间 F（包含未知故障模式和已知故障模式）。类比于免疫系统形态空间的自体－非自体集合，NF 对应自体集 S，F 对应非自体集 NS，则有 C＝NF∪F 且 NF∩F ＝Φ。

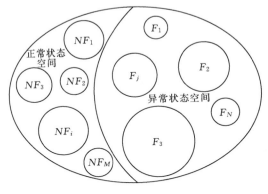

图 6.10　故障诊断状态空间

令已知的正常状态种类数目为 M，已知的异常状态种类数目为 N，则有（NF_1∪NF_2∪…∪NF_M）⊆NF_1（F_1∪F_2∪…∪F_N）⊆F，其中 NF_i 和 F_j 分别表示已知的第 i 种正常状态模式和第 j 种故障模式，i＝1，2，…，M，j＝1，2，…，N。整个状态空间分布如图 6.10 所示。

6.4.3 故障诊断系统与人工免疫系统的映射关系

生物的免疫系统有非凡的异物（抗原）识别能力，通过其分布在各个部位的组成细胞和分子生成不同种类的抗体，构造自体和非自体自适应非线性网络，在处理动态变化环境（故障）中发挥作用。免疫反应是由承担不同作用的多种不同细胞和分子协同完成，在本

133

章的研究中，将其简化为一个特定的免疫细胞类型，具有所有种类的免疫细胞的有用特性。故障诊断本质上是一类模式识别问题。根据故障对象的特点，故障诊断系统内部由若干诊断单元组成，每个诊断单元对应一个由多个诊断器组成且针对某一特定故障模式的诊断器集。如果将待检状态类比于免疫系统中的抗原，诊断器类比于免疫系统中的淋巴细胞（抗体），则利用诊断器对待检状态进行识别、分类的过程就可以对应为免疫系统中抗体识别抗原并做出反应的过程。这样，整个故障诊断系统对应为一个免疫系统，如表6.2所示。

表6.2 故障诊断系统与免疫系统的对应关系

免疫系统	故障诊断系统
形态空间	机组状态空间
自体	正常状态
非自体	故障状态
抗原	待检测的机组设备状态征兆
B细胞、T细胞和抗体	候选（未成熟）故障诊断器
抗原和抗体的绑定	模式匹配
自体耐受	否定选择
记忆抗体	成熟故障诊断器
细胞克隆、高频变异	复制、进化故障诊断器
抗原检测/应答	对待检测状态的识别/应答
初次应答	产生故障诊断器
二次应答	快速有效的故障模式分类
抗体间的促进与抑制	诊断单元之间的协作与排斥

6.4.4 基于免疫应答机制的水轮发电机组典型故障故障诊断

针对目前水力机组故障诊断中存在的建模复杂、样本需求量大及诊断学习缺乏自主连续性等问题，刘忠等人提出的基于免疫原理的故障诊断方法，以状态征兆为抗原，各种故障模式下的故障检测器作为抗体，通过反向选择机制判别正常，异常状态，利用克隆选择原理进化学习获得能识别抗原结构的记忆抗体，根据最大故障隶属度诊断故障类型。如图6.11为基于免疫原理的故障诊断系统流程图。仿真结果表明，该方法识别故障的准确率高，非常适合故障样本难以获得的小样本故障诊断。

根据免疫系统中抗体识别抗原的过程，本节给出一种基于免疫应答机制的故障诊断方法，以希望解决传统诊断方法中样本要求高、自学习和自适应能力不足的问题，并将该方法应用于水力机组振动故障诊断，验证了其可行性和准确性。

基于免疫应答机制的故障诊断方法，选取水力机组的三种典型故障进行研究，用以检验该方法在识别已知故障类型和处理未知类型状态方面的能力。这三种典型的故障分别为涡带偏心、不对称、不平衡。当不同的故障类型出现时，反映在机组监测设备或部件状态信号中的是不同频率段上的能量变化，甚至可能有振动通频幅值的越限等其他现象。在机组运行状态已发生改变而振动通频幅值没有越限的情况下，通过监测能量特征的变化能够

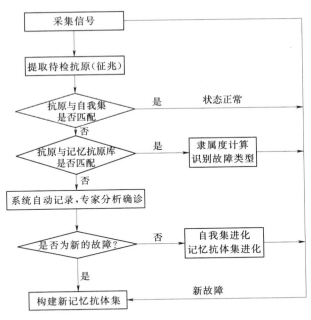

图 6.11 基于免疫原理的故障诊断系统流程图

从本质上识别是当前的运行状态是否改变，以及出现了何种故障类型。因此，本文实例部分仅从能量特征的角度来提取状态征兆，而将诊断方法作为研究重点。构成能量特征的参数有：振动信号中低频段分量、1倍速频率分量、2倍速频率分量、3倍速频率分量以及3倍速以上频段分量在整个信号能量中所占的比重（相对能量），可采用第3章中小波能量特征提取方法计算。令 X 表示机组转频处的相对能量，则反映振动状态的抗原可表示为 $[(0.4{\sim}0.5)X、1X、2X、3X、{>}3X]$。选取每种故障的5组特征值，其中3组构成训练抗原集（表6.3），用于产生相应故障模式下的记忆抗体集；剩余2组作为测试样本集，用于检验本方法的有效性和准确性。

表 6.3　　　　　　　　　　水轮发电机组振动故障的训练抗原集

序号	故障类型	训练抗原集				
		$(0.4{\sim}0.5)X$	$1X$	$2X$	$3X$	${>}3X$
1		0.80	0.12	0.02	0.04	0.02
2	涡带偏心 $F1$	0.85	0.10	0.01	0.02	0.02
3		0.90	0.07	0.01	0.01	0.01
4		0.01	0.85	0.09	0.01	0.04
5	不平衡 $F2$	0.03	0.81	0.12	0.03	0.01
6		0.02	0.90	0.05	0.02	0.01
7		0.02	0.27	0.43	0.27	0.01
8	不对中 $F3$	0.01	0.23	0.38	0.28	0.05
9		0.02	0.25	0.48	0.23	0.02

经多次对比测试，算法参数设置如下。训练进化代数 iter＝100，每种准诊断器集合的规模 $N=80$，克隆和高频变异时取亲和度最高的抗体个数 $n_1=8$，每个抗体克隆数目均为 1，临时记忆抗体集抗体数 $n_2=4$，更新的准诊断器个数 $d=20$，自然死亡阀值 $\delta d=0.60$，免疫抑制阀值 $\delta_s=0.96$，抗原与这 3 类故障的记忆抗体匹配阀值分别取 0.84、0.84 和 0.84。

表 6.4 　　　　　　　　　　　　　测试抗原及免疫诊断结果

序号	测试抗原集					激活的诊断器数目	[F1F2F3]隶属度值
	$(0.4\sim0.5)X$	$1X$	$2X$	$3X$	$>3X$		
10	0.91	0.04	0.03	0.01	0.01	[700]	[0.78 0 0]
11	0.74	0.15	0.06	0.03	0.02	[800]	[0.89 0 0]
12	0.03	0.75	0.14	0.05	0.03	[070]	[0 1.00 0]
13	0.02	0.91	0.04	0.01	0.02	[070]	[0 1.00 0]
14	0.02	0.35	0.37	0.25	0.01	[005]	[0 0 0.83]
15	0.02	0.32	0.42	0.22	0.02	[006]	[0 0 1.00]

由表 6.4 可知，抗原 10～11、12～13、14～15 分别属于偏心涡带、不平衡和不对中故障。这与实际情况相符，而且诊断正确率为 100%。

该方法对水力机组振动故障进行诊断研究，诊断正确率高，而且实现了通过训练较少的故障抗原样本获得表达此类抗原结构的记忆抗体，表明该方法在故障样本难以获得的小样本诊断方面具有一定的应用前景。

6.5　贝叶斯网络

贝叶斯网络是将数学中的概率理论与图论相结合，能够很好地量化复杂系统中存在的不确定性因素，在贝叶斯理论中所有的推理都是基于概率的计算规则，基本的概率规则只有两条，一条是加法规则（Sum Rule）和乘法规则（Product Rule），其他所有的概率计算规则均可由这两条规则推出。近年来随着贝叶斯网络的理论与实现方法不断得到深入的研究，越来越多地被应用在各个领域。

6.5.1　概述

贝叶斯网络是目前不确定性知识表达和推理领域最有效的理论模型之一，适用于不确定性和概率推理的知识表达和推理。它是一种基于网络结构的有向图解描述，能进行双向并行推理，并能综合先验信息和样本信息，使得推理结果更为准确可信。因此，贝叶斯网络在故障诊断领域中的应用具有重要意义。

以旋转机械常见振动故障为对象，首先对旋转机械常见振动故障特征进行了论述。然后阐述了贝叶斯网络基本理论，对贝叶斯网络基于联合树的精确推理方法进行了论述，探讨了贝叶斯网络的学习算法。在之前理论研究的基础上，针对机械故障特有的表现形式建立了基于贝叶斯网络的机械故障诊断模型。该模型是一个两层结构的贝叶斯网络模型，该模型具有以下特点：

（1）贝叶斯网络模型能够自然的融入机械故障诊断中的不确定性知识，对各种因素不确定度的结合有着见识的概率论基础，使诊断结论更加全面和准确。

（2）图形化的知识表达方式更加清晰，具有良好的可解性。

（3）推理机制与知识表达完全分开，知识库更便于扩充和完善。

（4）可以进行多种形式的诊断推理，能有效地进行复合故障诊断。

（5）可以提供量化的故障诊断结论，给出诊断建议。

利用该模型本文采用 Decision Systems Laboratory，由 Pittsburth 大学所开发的贝叶斯网络推理平台 Ge NIe 对一些设备的实测数据进行了故障诊断分析，验证了该模型的有效性。最后对推理诊断系统做出了总体设计。

6.5.2　贝叶斯网络的概率论基础

贝叶斯网络主要是概率理论与图论相结合的产物，具有严格概率论基础。概率论是人工智能中处理不确定性的基础理论之一，也被认为是数学基础最强的不确定性处理理论。

在贝叶斯网络推理计算中，涉及较多的概率论知识主要有：先验概率、后验概率、联合概率、条件概率、链规则、无条件概率、贝叶斯公式及贝叶斯法则等。

（1）先验概率是根据历史的资料或主观判断所确定的各事件发生的概率。先验概率一般分为两类，一是客观先验概率，是指利用过去的历史资料计算得到的概率；二是主观先验概率，是指在无历史资料或历史资料不全的时候，只能凭任人们的主观经验来判断取得的概率。

（2）后验概率指通过调查、实验等方法获取了新的信息后，利用贝叶斯公式对先验概率进行修正而得到的更符合实际的概率。

（3）联合概率指两个或多个任意事件的乘积（也称"交"）的概率。设有两个事件 A，B，则如下定义事件 C

$$C = \{A, B \text{ 都发生}\}$$

称为两个事件 A，B 之积或乘积，也称为"交"。

（4）条件概率指附加一定条件下所计算的概率。设有两个事件 A，B 而 $P(B) \neq 0$，则"在给定 B 发生的条件下 A 的条件概率"，记为 $P(A \mid B)$，定义为

$$P(A \mid B) = P(AB)/P(B) \tag{6-12}$$

（5）链规则。当事件数较大时，可以用一个条件概率链来表达联合概率，即链规则形式，链规则的一般形式为

$$P(V_1, V_2, \cdots, V_k) = \prod_{i=1}^{k} p(V_i \mid V_{i-1}, V_{i-2}, \cdots, V_1) \tag{6-13}$$

该表达式依赖于对 V_i 的排序，但对相同的变量集合有相同的计算结果。

（6）利用全概率公司可以计算无条件概率。设定事件 B 可以表示为完备而互斥的 k 个子集合的并，即 $B_i \bigcap B_j = \Phi \ (i \neq j)$ 且 $B = \bigcup_{i=1}^{k} B_i$ 并设 B 的先验概率为 $P(B_j)$，则 $P(A)$ 可以表示为

$$P(A) = \sum_{i=1}^{k} P(B_i) \cdot P(A \mid B_i) \qquad (6-14)$$

（7）贝叶斯公式：

由 $P(A|B) = P(AB)/P(B)$，可得

$$P(AB) = P(A|B) \cdot P(B) \qquad (6-15)$$

由 $P(B|A) = P(AB)/P(A)$，可得

$$P(AB) = P(B|A)P(A) \qquad (6-16)$$

综上所述，得到

$$P(A|B) = P(B|A)P(A)/P(B) \qquad (6-17)$$

这就是贝叶斯公式，它式贝叶斯推理计算种非常重要的一个法则。

6.6　混合模型

前面介绍的都是单种人工智能在水力机组故障诊断中的应用，然而由于这些故障诊断手段都是建立在样本学习基础上的，面对水力机组系统的复杂性和目前的故障样本不够充裕，其学习后的诊断系统对故障诊断还不能保证准确率，所以为了保证故障诊断的准确性，许多学者针对水力机组某个特定故障进行了多种智能诊断方法尝试和研究。下面针对神经网络与其他智能算法的结合做出一些介绍。

所谓混合人工神经网络就是在传统神经网络的基础上，与其他智能算法相结合的模型，以达到简化网络模型的结构，提高了模型收敛速度和预测精度的目的。

人工神经网络具有并行处理，高度容错和泛化能力强的特点，目前神经网络技术发展迅速，它已渗透到多个领域，如在智能控制、模式识别、计算机视觉、连续语音识别、非线性优化、知识处理等方面都取得了一定的应用。BP 神经网络是最常用的神经网络模型。但 BP 网络算法也存在一些缺陷，如 BP 网络的学习时间过长，而且 BP 网络的学习过程是对全局最优解的过程，可能陷入局部极小，以及难于解决实例规模与网络规模之间的矛盾。

当神经网络规模较大，样本较多时，训练时间过于漫长，这个固有缺点是制约神经网络进一步实用化的一个主要因素。虽然各种提高训练速度的算法不断出现，问题远未彻底解决。化简训练样本集，消除冗余数据是另一条提高训练速度的途径。应用粗糙集化简神经网络训练样本集，在保留重要信息的前提下消除了多余的数据。

6.6.1　遗传-神经网络

6.6.1.1　遗传算法基本原理

遗传算法（Genetic Algorithms）是 1962 年由美国 Michigan 大学 Holland 提出的一种基于优胜劣汰、自然选择、适者生存和基因遗传思想的优化算法，该算法模拟自然界遗传机制和生物进化论而形成的一种并行随机搜索最优方法。如图 6.12 为遗传算法的主要构造过程示意。

该算法将问题的求解表示成"染色体"，首先从初始种群（初始种群是由若干个"染

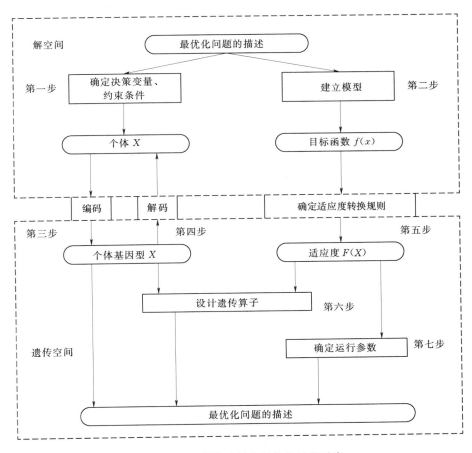

图 6.12 遗传算法的主要构造过程示意

色体"串组成，每个串对应一个自变量，（初始种群的产生往往是随机的，包含优化问题的可行解的初始值空间、初始种群的规模大小两个方面的内容）出发，将他们置于问题的"环境"中，根据适者生存的原则，从中选择出适合环境的"染色体"进行复制，通过交叉、变异两种基因操作产生新一代的更适合环境的"染色体"种群。随着算法的运行，优良的品种被逐渐保留并加以组合，从而不断产生更佳的新个体。新个体由于经历了上一代的一些优良改善，将逐步朝着更优解的方向进化。遗传算法可以看作是一个由可行解组成的群体逐代进化的过程。遗传算法操作过程中有 3 个基本的操作。

（1）选择算子（Selection）。选择亦称再生或者复制，选择过程是"染色体"串按照它们的适应度进行复制。适应度一般采用目标函数，通过选择算子可以实现群体中的个体的优胜劣汰。

（2）交叉算子（Crossover）。交叉可以分为两个步骤。第一步是将新的通过选择产生的匹配池中的染色体成员随机两两匹配；第二步进行交叉繁殖形成两个新的个体。交叉运算是遗传算法区别于其他进化算法的重要特征，是产生新个体的主要方法，在遗传算法中起着关键作用。

（3）变异算子（Mutation）。遗传算法利用变异算子来模拟生物进化过程中的变异环节。变异算子是产生新个体的辅助方法。遗传算法的变异是以很小的概率随机的改变一个染色体串位上的值。如对二进制串，即将随机的串位游 0 变为 1 或者由 1 变成 0。变异的概率很小只有千分之几。变异操作相对于选择和交叉操作而言，是处于相对次要的地位。

6.6.1.2 遗传算法基本操作步骤

利用遗传算法解决一个优化问题，一般分为 3 个步骤，如图 6.13 遗传算法流程示意图。

（1）准备工作如下：

1）确定有效且通用的编码方法，将问题的可能解编码成有限位的字符。

2）定义一个适应度函数，用以测量和评价各解的性能。

3）确定遗传算法所使用的各参数的取值，如种群规模 n，交叉函数 P_c，变异函数 P_m 等。

（2）遗传算法搜索最佳串。

1）$t=0$，随机产生初种群 $P(0)$。

2）计算各串的适应度 F_i，$i=1，2，3，\cdots，n$。

3）根据 F_i 对种群进行选择操作，以概率 P_c 对种群进行交叉操作，以概率 P_m 对种群进行变异操作，进过选择、交叉和变异三个操作产生新的种群。

4）$t=t+1$，计算个串的适应度 F_i。

5）当连续几代种群的适应度变换小于某个设定值时，认为满足终止条件，否则不满足，返回步骤 3）。

6）找出最优值，终止搜索。

（3）根据最佳串给出最优值。

6.6.1.3 遗传-神经网络（GA－BP 混合模型）

GA－BP 是将 BP 神经网络与遗传算法 GA 相结合而构成的一种混合模型算法。BP 网络的学习过程实际上是非线性函数求全局最优解的过程，由于神经网络整体求优的缺陷可能导致网络陷入局部最优数值。遗传算法优点是把握搜索总体的能力较强，局部搜索能力较差。将遗传算法与 BP 神经网络相结合，可以互相取长补短，可以组合成新的全局搜索算法。一般说来，GA 与 BP 的结合有如下三个方面。

（1）网络结构的进化。神经网络结构设计包含拓扑结构和节点转移函数两个方面。将遗传算法用于神经网络的拓扑结构的设计，对网络的连接方式进行编码时有两种策略：直接编码和间接编码。直接编码是将所所以网络连接方式都明确地表示出来，间接编码只表示连接方式中的一些重要重要特征。在进化过程中，常常需要采用另外的学习方法来（如 BP 算法）来训练网络的权值来评估每种网络结构的适应度。

（2）学习规则的进化。学习规则的进化包括

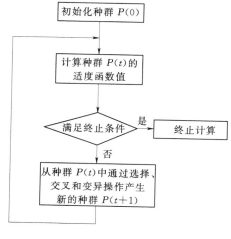

图 6.13　遗传算法流程示意图

学习规则参数的进化和学习规则的进化。一般说来，不同的学习算法适合不同的神经网络，在神经网络训练问题中，学习规则都是预先设定的，但是一些参数尚需要优化，如果使用者没有任何合理设置的经验和知识。可以利用 GA 来进化 BP 学习规则中的参数和神经网络评价函数。

（3）网络权值的进化。由于 BP 方法训练存在可能陷入局部极小等不足，将遗传算法作为一种神经网络的一种学习方法代替 BP 学习算法。在整个进化过程中各网络节点数保持不变，利用 GA 训练网络权值和阈值，利用遗传算法全局性搜索的特点，求得最佳的网络连接权。如图 6.14 为遗传算法优化神经网络权值的流程图。

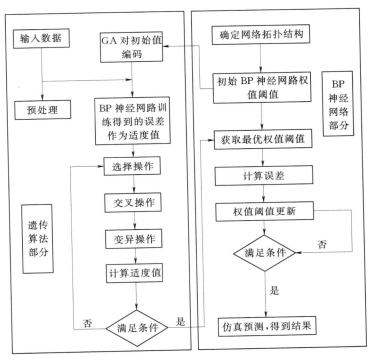

图 6.14 遗传算法优化神经网络模型流程图

6.6.2 粗糙集-神经网络

6.6.2.1 粗糙集原理

粗糙集理论（简称 RS 理论）是由波兰数学家 Z. Pawlak 于 1982 年提出，是处理不确定、不一致、不精确问题的一种有效方法，从不确定中发现隐含的知识，揭示其潜在的规律。它从新的视角对知识进行了定义，将知识看作是关于论域的划分，认为知识是有粒度的。近年来，粗糙集理论在人工智能领域的研究是一个热点，得到了广泛的应用。知识的约简是粗糙集理论主要应用的一个重要方面。

6.6.2.2 基本概念

1. 知识

"知识"这一概念在不同的领域内有多种不同的定义。通常知识被认为是人类实践经验的总结和提炼，具有普遍性和抽象性的特性。在 RS 理论中，知识是一种对抽象或现实的对象进行分类的能力，根据所讨论对象的特征差异将其分门别类的能力均可以看作是某种知识。如在远古时代，人类为了生存必须学会分辨出什么可以食用，什么不可以食用；医生给病人诊断，必须辨别出患者得的是哪一种病。水力机组状态检修必须要知道机组发生了什么故障。这些根据事物的特征差别将其分门别类的能力均可以看作是某种"知识"。

2. 不可分辨关系与基本集

在分类过程中，相差不大、特性相近的个体被归于同一类，它们的关系就是不可分辨关系（Indiscernability Relation）。基本集（Elementary Set）定义为由论域中相互间不可分辨的对象组成的集合，是组成论域知识的颗粒。不可分辨关系这一概念在粗糙集理论中十分重要，它深刻地揭示出知识的颗粒状结构，是定义其他概念的基础。知识可认为是一族等效关系，它将论域分割成一系列的等效类。

6.6.2.3　知识约简

知识约简是粗糙集理论的核心内容之一。知识库是包含大量（实例）的信息表，通常是许多实例的原始记录。实际中，在用原始实例记录构建知识库时，由于在对象属性（知识）的选取上带有一定的主观性，知识库中知识（属性）并不是同等重要的，其中有些知识甚至是冗余的。所谓知识约简，就是保持知识库分类能力不变的条件下，删除其中不相关或不重要的知识。不仅不会改变决策表的分类或决策能力，反而会提高系统潜在知识的清晰度。

在粗糙集理论中知识是以信息表 $S=(U,R,V,f)$ 的形式表示的。U 是对象的集合，也称为论域；$R=C\cup D$，$C\cap D=0$，C 称为条件属性集，D 称为决策属性集；$V=\underset{r\in R}{U}V_r$ 是属性值的集合，V_r 表示属性 $r\in R$ 的属性值范围；$f:U\times R\to V$ 是一个信息函数，它指定 U 中每一对象 x 的属性值。

决策表的化简就是化简决策表中的条件属性，化简后的决策表同样具备化简前决策表的功能，化简后的决策表具有更少的条件属性。因此，决策表的化简在工程应用中相当重要，同样的决策可以基于更少量的条件，通过一些简单的手段就能判断出同样要求的结果。因此，采用粗糙集描述知识，通过去除冗余的条件属性求取约简可以实现知识的简化，将一个复杂的决策表约简为不含多余属性并保证分类正确的最小条件属性决策表。决策表简化分为三个步骤。

（1）简化条件属性：从决策表中消去某些列。

（2）消去重复的行：在条件属性最简的决策表中消除完全相同的决策对象（消去重复行）。

（3）消去属性的冗余值：对上述处理后的约简可以进一步地进行简化，找到最小约简。约简后的决策表是一个不完全的决策表，它仅包含那些在决策时所必需的条件属性值，但它具有原始知识系统的所有知识。

6.6.2.4　粗糙集-神经网络（RS‐BP 混合模型）

RS‐BP 混合模型是将人工神经网络和粗糙集理论相结合的一种混合模型。当神经网络规模较大，样本较多时，训练时间过于漫长，这个固有缺点是制约神经网络进一步实用化的一个主要因素。虽然各种提高训练速度的算法不断出现，问题远未彻底解决。化简训练样本集，消除冗余数据是另一条提高训练速度的途径。应用粗糙集化简神经网络训练样本集，在保留重要信息的前提下消除了多余的数据。仿真实验表明训练速度提高了 4.77 倍，获得了较好的效果。

水力机组故障诊断过程中振动特征参数是通过状态监测系统和现场试验来提取的，为了尽可能的全面描述水轮发电机组振动模式，一般布置较多测点提取尽可能多的机组特征量，这些特征量有些是相关的，有些是独立的。这些特征参数往往不完备、有冗余，这使得后续的故障诊断的建模变得复杂。应用粗糙集理论可以对神经网络的训练样本进行知识约简，得到应用较少属性值的同时保障不缺失信息量的目的。

6.6.3　故障树分析与智能模型的融合

随着故障树分析方法应用到越来越广泛的领域，必然暴露出越来越多的问题和局限性，为了不断地解决实际工程问题，故障树分析法必须不断地吸收新的思想，与其他先进算法融合，不断地完善理论。就目前而言，将 T-S 模糊模型（Takagi 和 Sugeno 于 1985 年提出了一种新的模糊推理模型）、粒子群（PSO）算法和贝叶斯网络引入 FTA 领域并进行深入研究，使其得到进一步完善和发展，是 FTA 今后的发展趋势。

1. T-S 模糊故障树分析

将 T-S 模糊模型引入 FTA 中，用 T-S 模糊门代替传统逻辑门，利用专家经验构建 T-S 门规则，考虑了不同故障程度对系统的影响，解决了需要精确已知故障机理和事件之间联系的问题。

然而以往的作业系统 T-S 模糊故障树分析方法仅当部件发生概率为精确值和已知部件的故障程度时，对作业系统进行了分析，尚未涉及对于部件发生概率不确定时问题的处理，没有研究一种切实可行的 T-S 模糊故障树分析重要度计算方法，以及综合考虑实测数据、重要度、搜索代价及影响程度等因素对作业系统进行故障诊断，是今后有待解决的问题。

2. 粒子群算法

基于 T-S 模糊模型的液压系统的可靠性优化设计可以抽象为一个多维空间的寻优搜索问题。采用一些学习算法或优化方法可以用来调整模糊模型、模糊规则或隶属度函数。粒子群算法（Particle Swarm Optimization，PSO）为全局最优化方法，且操作较遗传算法简单，具有可并行搜索、可求解不可微分方程且无需方程梯度信息等优点，正成为继遗传算法、模拟退火算法之后优化领域研究的新方向。

运用 PSO 算法进行 T-S 模糊模型的寻优，有望避免传统优化算法收敛速度慢以及易陷入局部最优的缺点，该研究可使得 FTA 方法具有更强的科学性和实用性，是值得研究的方向。

3. 贝叶斯网络

近年来，贝叶斯网络以其强大的结构特点和双向推理功能，越来越受到关注。在进行液压系统可靠性分析时，利用元件故障下系统发生故障的条件概率，即可看作概率重要度，找出系统可靠性的薄弱环节。

贝叶斯网络相对于 T-S 模糊模型，其结构和逻辑表达更加清晰，但是实际大型复杂系统，状态不容易清晰划分，状态概率也不一定，因此需要对贝叶斯网络进行更深入的研究。

6.7 应用举例

6.7.1 Zernike 矩-粗糙集-神经网络轴心轨迹模式识别模型

6.7.1.1 HU 矩及不变性

不变矩理论在图像识别领域得到了广泛应用，它是建立在一种统计特征基础上对图像特性提取的方法。二维不变矩在数字图像识别中经常使用，实质上它是将一维信号的各阶矩拓展到二维空间，并通过归一化处理，得到对于二维图像的平移、旋转以及尺度缩放保持不变而只对形状的变化十分敏感的各阶矩特征量。轴心轨迹的自动识别问题实质上是二维图像的模式识别问题。Ming-kuei HU 于 1962 年构造出了 7 具有旋转、平移、缩放不变性的矩，在图像识别领域，用不变矩理论建立了一种统计特征提取方法，得到了广泛应用。RY WONG 于 1978 年用实验证明当比例因子 ρ 不大于 2，且轨迹图形旋转角度 θ 不大于 45°时，能够保证 Hu 矩的各种不变性；Hu 不变矩在离散情况下不能保证对尺度缩放的不变性并提出了改进方法。

对于定义在 oxy 平面上的二维函数，$f(x,y) \in (R^2)$，其 $p+q$ 阶混合原点矩定义为

$$m_{pq} = \int_{-\infty}^{+\infty} \int_{-\infty}^{\infty} x^p y^q f(x,y) \mathrm{d}x \mathrm{d}y \quad (p,q = 0,1,2,\cdots) \tag{6-18}$$

6.7.1.2 不变矩的改进

轨迹图形的缩放比例因子为 ρ，则缩放后轴心轨迹图形的离散状态下的不变矩 $\boldsymbol{\phi}'_i$ 与原图形不变矩 $\boldsymbol{\phi}_i$ 的关系为

$$\boldsymbol{\phi}'_1 = \boldsymbol{\rho}^2 \boldsymbol{\phi}_1 \tag{6-19}$$

$$\boldsymbol{\phi}'_2 = \boldsymbol{\rho}^4 \boldsymbol{\phi}_2 \tag{6-20}$$

$$\boldsymbol{\phi}'_3 = \boldsymbol{\rho}^6 \boldsymbol{\phi}_3 \tag{6-21}$$

$$\boldsymbol{\phi}'_4 = \boldsymbol{\rho}^6 \boldsymbol{\phi}_4 \tag{6-22}$$

$$\boldsymbol{\phi}'_5 = \boldsymbol{\rho}^{12} \boldsymbol{\phi}_5 \tag{6-23}$$

$$\boldsymbol{\phi}'_6 = \boldsymbol{\rho}^8 \boldsymbol{\phi}_6 \tag{6-24}$$

$$\boldsymbol{\phi}'_7 = \boldsymbol{\rho}^{12} \boldsymbol{\phi}_7 \tag{6-25}$$

为了使这些矩函数能够与尺度缩放无关，可以考虑将其比例因子的影响消去，以 $\boldsymbol{\phi}'_2$ 作为基准，求其余矩函数通过此矩函数得到的最终表达式。

$$\boldsymbol{M}_1^* = (\boldsymbol{\phi}'_1)^2 / \boldsymbol{\phi}'_2 = (\boldsymbol{\phi}_1)^2 / \boldsymbol{\phi}_2 \tag{6-26}$$

$$\boldsymbol{M}_3^* = (\boldsymbol{\phi}'_3)^2 / (\boldsymbol{\phi}'_2)^3 = (\boldsymbol{\phi}_3)^2 / (\boldsymbol{\phi}_2)^3 \tag{6-27}$$

$$M_4^* = (\boldsymbol{\phi}_4')^2 / (\boldsymbol{\phi}_2')^3 = (\boldsymbol{\phi}_4)^2 / (\boldsymbol{\phi}_2)^3 \tag{6-28}$$

$$M_5^* = \boldsymbol{\phi}_5' / (\boldsymbol{\phi}_2')^3 = \boldsymbol{\phi}_5 / (\boldsymbol{\phi}_2)^3 \tag{6-29}$$

$$M_6^* = \boldsymbol{\phi}_6' / (\boldsymbol{\phi}_2')^2 = \boldsymbol{\phi}_6 / (\boldsymbol{\phi}_2)^2 \tag{6-30}$$

$$M_7^* = \boldsymbol{\phi}_7' / (\boldsymbol{\phi}_2')^3 = \boldsymbol{\phi}_7 / (\boldsymbol{\phi}_2)^3 \tag{6-31}$$

6.7.1.3 Zernike 矩

Zernike 矩是一种特殊的复数矩，它是基于 Zernike 多项式的正交函数。与 HU 矩相比计算更加复杂，但 Zernike 矩在其特征表达能力和噪声敏感度方面是有较大的优越性。Zernike 矩特征具有旋转不变性等特征，目前已在目标识别领域中得到较为广泛的研究应用。

Zernike 提出了一组正交多项式 $V_{nm}(\rho, \theta)$，这组多项式在单位圆内（$\rho \leqslant 1$）是正交的。在极坐标下多项式函数表为

$$V_{nm}(\rho, \theta) = R_{nm}(\rho) \exp(im\theta) \tag{6-32}$$

式中　n——取值 0，1，2，…；

$\quad\quad m$——取值 0，± 1，± 2，…，$|m| \leqslant n$，且（$n-|m|$）为偶数；

$\quad\quad \rho$——圆点到（x，y）像素点长度的矢量；

$\quad\quad \theta$——矢量 ρ 和 x 轴逆时针方向的夹角；

$R_{nm}(\rho)$——实数值径向多项式。

6.7.1.4 轴心轨迹的模式识别

在 Matlab 上利用式（6-33）模拟发电机组故障时候的轴心轨迹图形。

$$
\begin{aligned}
x(t) &= A_1 \sin(\omega t + \alpha_1) + A_2 \sin(2\omega t + \alpha_2) \\
y(t) &= B_1 \cos(\omega t + \beta_1) + B_2 \cos(2\omega t + \beta_2)
\end{aligned} \tag{6-33}
$$

式中　　　　　ω——角频率；

A_1、A_2、α_1、α_2、B_1、B_2、β_1、β_2——$x(t)$ 和 $y(t)$ 的一倍频、二倍频分量的幅值与初始相位。

通过改变一倍频和二倍频分量 A_1，A_2，α_1，α_2，B_1，B_2，β_1，β_2 这 8 个参数变化，得到水力机组模拟轴心轨迹，如图 6.15 所示，其中左侧 30 个模拟轴心轨迹为训练样本，右侧 10 个为测试样本。

采用 Hu 不变矩和 Zernike 不变矩提取轴心轨迹的特征量。Hu 不变矩提取的特征量为 7 个，改进的 Hu 不变矩为 6 个。Zernike 矩可以任意构造高价矩，而高阶矩包含更多的图像信息，选取 0～12 阶 Zernike 矩，则可以得到 49 个 Zernike 矩特征量。对图 6.15 中模拟轴心轨迹提取 Hu 不变矩、改进 Hu 不变矩及经过粗糙集知识约简后的 Zernike 不变矩的数据见附录。如表 6.5、表

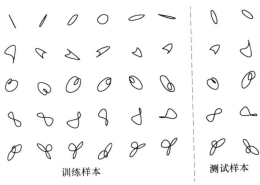

图 6.15　模拟轴心轨迹
（椭圆、香蕉、内 8、外 8、花瓣）

6.6 为典型轴心轨迹的 Hu 不变矩和改进的 Hu 不变矩的平均数值。

表 6.5　　　　　　　　　　　　　　**Hu 不变矩的平均数值**

轴心轨迹形状	$\overline{\phi}_1$	$\overline{\phi}_2$	$\overline{\phi}_3$	$\overline{\phi}_4$	$\overline{\phi}_5$	$\overline{\phi}_6$	$\overline{\phi}_7$
椭圆	0.211	0.386	3.211	3.518	6.998	3.595	6.523
香蕉	0.137	0.655	0.339	1.976	3.150	2.363	3.455
内 8	0.162	0.595	1.026	0.710	1.758	1.188	2.105
外 8	0.262	0.137	0.515	2.727	4.852	2.772	4.514
花瓣	0.115	0.310	0.219	1.478	2.409	1.958	2.497

表 6.6　　　　　　　　　　　　　　**改进 Hu 不变矩的平均数值**

轴心轨迹形状	$\overline{M}_1^*$	$\overline{M}_3^*$	$\overline{M}_4^*$	$\overline{M}_5^*$	$\overline{M}_6^*$	$\overline{M}_7^*$
椭圆	0.396	6.497	7.111	7.073	3.645	7.599
香蕉	0.904	1.864	2.063	1.778	1.105	2.066
内 8	0.919	1.199	1.009	0.852	0.330	1.325
外 8	0.422	1.382	5.756	5.154	2.974	4.817
花瓣	0.540	1.117	2.026	1.480	1.338	1.567

　　选用 Hu 不变矩和 Zrnike 矩作为输入变量，轴心轨迹的类型作为输出量，建立神经网络。通过训练样本后可以识别轴心轨迹的类型。对于以 49 个 Zernike 矩特征量作为神经网络输入量时，输入向量节点为 49，其网络结构相对比较复杂，训练时间较长。利用粗糙集的特征选择算法对其进行约简，去除冗余信息，得到 13 个 Zernike 矩特征，它们是 A5.3、A6.6、A6.4、A6.2、A8.8、A8.4、A8.2、A9.7、A10.8、A12.10、A12.8、A12.6、A12.4。

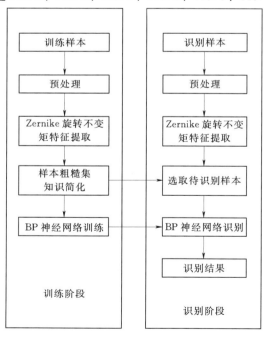

图 6.16　粗糙集—神经网络模型流程图

　　为了充分体现不同特征量对模式识别的影响，分别采用不同的特征输入参数对轴心轨迹进行模式识别。第一种方法将 7 个 Hu 不变矩作为输入变量。第二种方法将 6 个改进的 Hu 不变矩作为输入变量；第三种将 49 个 Zernike 矩作为输入变量；第四种方法是将利用粗糙集特征选择算法保留的 13 个 Zernike 矩特征值作为输入变量。四种方法中的神经网络模型都采用三层 BP 神经网络结构，各输入层的神经元个数依次为：6 个、7 个、49 个和 13 个，隐层采用为 10 个神经元，输出层为 5 个神经元，5 种轴心轨迹形状。训练步长 = 20000；下降梯度 = 0.1；误差目标 = 0.001。第四种方法系统的流程图如图 6.16 所示。4 个神经网络训练和识别结果如表

6.7 所示。

表 6.7　　　　　　　　　　　不同识别方法的训练、识别结果统计

序号	输入	计算步长	误差	识别率
Model1	Hu 距（7 个变量）	20000	0.00104	80%
Model2	改进 Hu 距（6 个变量）	20000	0.00131	80%
Model3	Zernike（49 个变量）	13153	0.001	90%
Model4	Zernike（13 个变量）	9358	0.001	90%

从表 6.7 可以看出，Zernike 矩相对于 Hu 距模式识别效果要好，前者计算误差小、识别率高。通过对 Model3 和 Model4 的计算效果看，两者具有同样的收敛精度和识别率，但是后者的计算步长明显减少了很多，由此可见通过粗糙集方法预先对信息进行约简预处理是有效的，可以达到增加收敛速度的效果。Zernike 矩粗糙集、神经网络三者相结合的模式可以高效准确的识别轴心轨迹，Zernike 矩与粗糙集预处理的神经网络在轴心轨迹的识别中达到很好的效果。通过集成了 Zernike 矩、粗糙集和神经网络的各自优点，Zernike 矩提取轴心轨迹特征量，粗糙集方法解决了信息冗余，神经网络解决了对噪声较敏感地问题，从而极大地提高了模式识别的效率和准确度。

6.7.2　基于 GA‒BP 的水力机组故障诊断专家系统

如图 6.17 为水力机组故障征兆和故障类型的关系，征兆和故障之间是相互可以推知

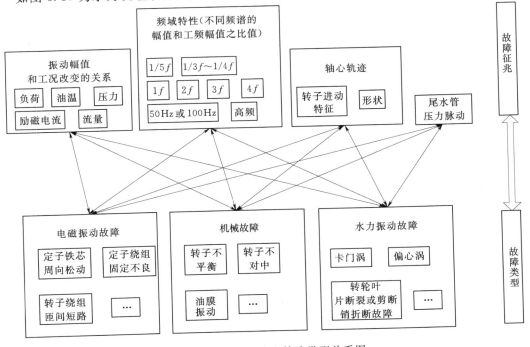

图 6.17　故障征兆和故障类型关系图

的，对已有征兆与故障的关系的故障，通过状态监测或者现场试验获取机组特征数据，可以推知是否发生故障，发生了什么故障，这样就实现由故障征兆推出故障类型；当机组出现新故障时，收集分析提取故障特征信息，将特征信息加入到征兆集，这样就实现了由故障提取故障征兆，如果再出现同样故障的时候就可以判断出故障类型。

表6.8、表6.9为水力机组征兆和故障对应表。将水力机组故障征兆集和故障集整理如表6.10所示。建立水力机组振动故障神经网络模型，以16个征兆为输入量，以故障类型为输出量，故障类型为19种。建立输入层为16，输出层19，中间隐层节点为20的BP神经网络和GA-BP神经网络，其中遗传算法迭代次数为100次，种群规模为20，交叉概率为0.4，变异概率为0.2，采用浮点数编码，个体长度为4。训练步长为1000；下降梯度为0.1；误差目标为0.001。以国内某电站机组异常振动数据作为测试样本=［0.9 0.12 0.01 0.03 0.02 0.15 0.02 3 0.95 0.92 0.2 0.15 0.0 0.0 0.0 0.0］。

表6.8 征 兆 集

序号	征 兆	序号	征 兆
S1	(1/2～1/6)转频	S9	尾水压力脉动明显
S2	1倍转频	S10	转速
S3	2倍转频	S11	负荷
S4	3倍转频	S12	流量
S5	50Hz或100Hz	S13	励磁电压
S6	高频	S14	励磁电流
S7	$f=(0.18\sim0.2)W_2/b$	S15	与磁极有关的频率 $f=f_1P$
S8	轴心轨迹	S16	导叶数×转频

表6.9 故 障 集

故障类型	序 号	故 障
机械振动	F1	转子质量偏心
	F2	转子弓形弯曲
	F3	转子不对中
	F4	转动部件缺陷
	F5	油膜涡动
	F6	双稳态
	F7	动静部件摩擦
水力振动	F8	尾水管偏心涡动
	F9	止漏环间隙不均匀
	F10	转轮叶片形线不好
	F11	转轮叶片断裂
	F12	转轮导叶或叶片开口不均
	F13	叶片出口卡门涡烈
	F14	空蚀

故障类型	序 号	故 障
电磁振动	F15	定子铁芯铁片松动
	F16	转子绕组匝间短路
	F17	定子膛内磁极不均匀
	F18	定子椭圆度大
	F19	三相负荷不平衡

表 6.10　　　　　　　　　　　　　水力机组故障征兆表

故障	征 兆															
	S1	S2	S3	S4	S5	S6	S7	S8	S9	S10	S11	S12	S13	S14	S15	S16
F1	0	1	0	0	0	0	0	1	0	0	0	1	0	0	0	0
F2	0	1	0.8	0	0	0	0	1	0	0	0	1	0	0	0	0
F3	0	0.8	1	0.8	0	0	0	2	0	1	0	1	0	0	0	0
F4	0	1	0	0	0	0	0	1	0	1	0	0	0	0	0	0
F5	0	0	0	0	0	0	0	0	0	0	0	0	0	0	0	0
F6	0	0	0	0	0	0	0	5	0	0	0	0	0	0	0	0
F7	0	0	0	0	0	0	0	6	0	0	0	0	0	0	0	0
F8	1	0	0	0	0	0	0	3	1	1	0	0	0	0	0	0
F9	0	1	0	0	0	0	0	3	0	1	0	0	0	0	0	0
F10	0	1	0	0	0	0	0	3	0	0	1	0	0	0	0	0
F11	0	0	0	0	0	0.8	0	3	0	1	0	0	0	0	0	0
F12	0	0	0	0	0	0	0	3	0	0	1	0	0	0	0	1
F13	0	0	0	0	0	0	1	3	0	0	1	0	0	0	0	0
F14	0	0	0	0	0	1	0	3	0	1	0	0	0	0	0	0
F15	0	0	0	0	1	0	0	0	0	0	0	0	0	1	0	0
F16	0	1	0	0	0	0	0	0	0	0	0	0	0	0.8	0	0
F17	0	1	0	0	0	0	0	0	0	0	0	1	0	0	1	0
F18	0	1	0	0	0	0	0	0	0	0	0	0	0	0	0	0
F19	0	1	0	1	0	0	0	0	0	0	0	0	0	0	0	0

　　W_2 为叶片出口相对速度；b 为叶片出口相对厚度；P 为发电机磁极对数；轴心轨迹编号：1 椭圆；2 香蕉形或外"8"字形；3 规则或不规则花瓣形；4 内"8"字形；5 两个独立的椭圆；6 带有突出毛刺；0 未知。

　　BP 神经网络计算 1000 步长后达到误差精度维 0.0094，GA - BP 神经网络经过 1000 步长达到 0.0039 精度。两种模型计算结果如表 6.11 所示，两种模型诊断的结果为第八个单元的输出值为最大，接近于 1，其余比较小，由此可以判断机组振动原因为 F8 尾水管偏心涡。说明模型诊断准确，具有实际使用价值。比较两个模型的收敛精度和模拟结果，可以得出 GA - BP 神经比 BP 神经网络收敛速度更快、预测精度更高。

表 6.11　　　　　　　　　　　　测 试 样 本 结 果 输 出

BP 测试输出	0.11	0.05	-0.08	-0.01	-0.10	0.15	0.07
	0.91	0.14	-0.02	-0.02	-0.01	-0.07	0.01
	-0.02	-0.04	-0.07	0.03	0.01		
GA - BP 测试输出	0.06	0.02	0.00	-0.08	-0.01	-0.10	0.00
	0.97	0.02	0.08	-0.14	-0.01	0.01	0.15
	-0.02	-0.08	-0.03	0.02	0.00		

附录　模拟轴心轨迹数据

　模拟轴心轨迹 Hu 矩计算值

序号	Hu1	Hu2	Hu3	Hu4	Hu5	Hu6	Hu7
1	0.187	0.363	4.309	4.602	9.067	4.510	9.735
2	0.250	0.225	2.964	3.086	6.111	2.989	8.307
3	0.116	0.177	3.931	5.038	9.610	5.157	9.764
4	0.180	0.104	2.893	4.101	7.832	4.104	7.689
5	0.270	1.442	3.162	2.984	6.393	3.928	6.108
6	0.226	0.074	2.171	2.195	4.423	2.236	4.741
7	0.231	0.271	3.461	3.280	6.864	3.189	6.751
8	0.225	0.430	2.796	2.856	5.683	2.647	7.089
9	0.279	0.190	0.268	2.957	4.412	3.160	4.500
10	0.056	1.391	0.355	2.113	3.487	2.836	3.509
11	0.078	0.514	0.386	1.501	2.451	1.836	3.219
12	0.139	0.070	0.292	0.951	1.574	1.023	2.577
13	0.156	0.103	0.430	1.100	1.894	1.219	2.318
14	0.279	0.190	0.268	2.957	4.412	3.160	4.500
15	0.056	1.391	0.355	2.113	3.487	2.836	3.509
16	0.056	1.391	0.355	2.113	3.487	2.836	3.509
17	0.162	1.603	1.099	0.874	1.945	2.749	2.104
18	0.116	1.192	1.266	1.085	3.524	1.936	2.262
19	0.150	0.847	1.234	1.007	2.157	1.519	2.571
20	0.211	0.462	0.933	0.440	1.171	0.673	1.488
21	0.166	0.264	1.132	0.568	1.425	0.712	2.159
22	0.161	0.064	0.706	0.568	1.210	0.600	2.048
23	0.166	0.264	1.132	0.568	1.425	0.712	2.159
24	0.161	0.064	0.706	0.568	1.210	0.600	2.048
25	0.251	0.303	2.300	3.880	8.691	3.744	6.970
26	0.258	0.259	0.810	2.495	4.662	2.366	4.169
27	0.267	0.230	0.384	2.012	4.185	1.909	3.212
28	0.288	0.051	0.171	1.403	2.152	1.591	2.188
29	0.246	0.079	0.023	2.965	4.507	3.093	4.809
30	0.253	0.029	0.065	3.139	4.799	3.234	4.856
31	0.262	0.031	0.154	2.905	5.400	3.155	4.282
32	0.268	0.113	0.214	3.015	4.416	3.087	5.631

序号	Hu1	Hu2	Hu3	Hu4	Hu5	Hu6	Hu7
33	0.131	0.055	0.510	1.125	2.138	1.485	2.057
34	0.130	0.112	0.198	1.312	2.205	1.401	2.232
35	0.095	0.409	0.033	1.317	2.043	1.925	2.205
36	0.099	0.624	0.118	2.017	3.110	3.074	3.124
37	0.131	0.055	0.510	1.125	2.138	1.485	2.057
38	0.130	0.112	0.198	1.312	2.205	1.401	2.232
39	0.095	0.409	0.033	1.317	2.043	1.925	2.205
40	0.108	0.703	0.153	2.297	3.392	2.968	3.863

附表 2　　　　模拟轴心轨迹改进 M 矩计算值

序号	M1	M3	M4	M5	M6	M7
1	0.01	9.71	10.29	10.16	5.24	10.82
2	0.27	6.60	6.85	6.79	3.44	8.98
3	0.06	8.39	10.61	10.14	5.51	10.30
4	0.26	6.10	8.51	8.14	4.31	8.00
5	1.98	2.00	1.64	2.07	1.04	1.78
6	0.38	4.56	4.61	4.64	2.38	4.96
7	0.19	7.74	7.37	7.68	3.73	7.56
8	0.02	6.88	7.00	6.97	3.51	8.38
9	0.75	1.11	5.34	3.84	2.78	3.93
10	1.50	3.46	0.05	0.69	0.05	0.67
11	0.67	0.77	1.46	0.91	0.81	1.68
12	0.35	0.37	1.69	1.37	0.88	2.37
13	0.21	1.17	2.51	2.20	1.42	2.63
14	0.75	1.11	5.34	3.84	2.78	3.93
15	1.50	3.46	0.05	0.69	0.05	0.67
16	1.50	3.46	0.05	0.69	0.05	0.67
17	1.93	2.61	3.06	2.86	0.46	2.70
18	1.42	1.05	1.41	0.05	0.45	1.32
19	1.15	0.07	0.53	0.38	0.17	0.03
20	0.88	0.48	0.51	0.21	0.25	0.10
21	0.60	1.47	0.34	0.63	0.18	1.37
22	0.39	1.22	0.94	1.02	0.47	1.86
23	0.60	1.47	0.34	0.63	0.18	1.37
24	0.39	1.22	0.94	1.02	0.47	1.86

序号	M1	M3	M4	M5	M6	M7
25	0.20	5.51	8.67	9.60	4.35	7.88
26	0.26	2.40	5.77	5.44	2.88	4.95
27	0.30	1.46	4.71	4.88	2.37	3.90
28	0.53	0.19	2.96	2.31	1.69	2.34
29	0.41	0.28	6.17	4.74	3.25	5.04
30	0.48	0.04	6.36	4.88	3.29	4.94
31	0.56	0.40	5.72	5.31	3.09	4.19
32	0.65	0.77	5.69	4.08	2.86	5.29
33	0.32	0.85	2.09	1.97	1.37	1.89
34	0.37	0.06	2.29	1.87	1.18	1.90
35	0.60	1.29	1.41	0.82	1.11	0.98
36	0.82	2.11	2.16	1.24	1.83	1.25
37	0.32	0.85	2.09	1.97	1.37	1.89
38	0.37	0.06	2.29	1.87	1.18	1.90
39	0.60	1.29	1.41	0.82	1.11	0.98
40	0.92	2.41	2.49	1.28	1.56	1.75

附表 3   模拟轴心轨迹改进 Zernike 矩计算值

序号	A5.3	A6.6	A6.4	A6.2	A8.8	A8.4	A8.2	A9.7	A10.8	A12.10	A12.8	A12.6	A12.4
1	55.0	6.0	39.6	35.3	1.2	46.9	33.6	2.0	36.6	59.1	26.2	17.8	5.6
2	24.6	49.3	22.4	14.2	9.2	5.0	5.6	5.6	12.0	16.2	23.0	3.8	15.2
3	14.2	5.2	5.2	25.8	1.4	8.2	28.3	2.9	31.0	6.0	8.0	27.6	11.3
4	12.6	11.8	3.2	25.6	0.8	10.4	23.5	1.3	7.7	1.3	14.3	22.0	2.1
5	18.3	19.8	1.5	15.1	1.3	16.1	14.0	3.6	10.0	5.2	21.6	13.4	10.3
6	17.5	28.9	16.2	5.3	0.6	7.8	9.1	0.7	3.9	17.7	14.8	3.3	14.7
7	32.5	20.4	2.2	4.4	1.3	1.6	14.9	0.5	8.9	9.8	9.8	12.6	23.4
8	30.1	4.9	5.0	21.8	1.0	3.7	28.9	0.5	11.0	2.9	8.7	21.8	5.5
9	19.2	10.1	6.6	10.7	5.0	9.8	5.8	9.4	4.5	12.4	6.2	7.2	11.2
10	27.1	9.7	3.8	29.5	13.9	1.3	28.0	4.8	11.7	14.0	5.1	17.5	15.1
11	24.3	33.3	19.2	8.8	6.6	14.7	9.3	7.4	3.2	19.7	24.6	6.5	20.7
12	14.4	25.3	26.1	7.7	6.6	13.1	5.7	5.4	12.1	29.3	6.0	10.0	15.6
13	28.0	7.5	6.6	17.4	6.1	6.9	22.2	6.9	13.2	8.6	7.1	12.2	23.7
14	32.0	7.4	13.5	17.7	40.2	41.8	4.0	7.6	4.1	7.4	20.3	11.6	12.4
15	26.2	15.4	7.5	21.1	13.1	0.9	27.9	3.9	10.4	6.5	7.6	10.1	9.0
16	27.1	9.7	3.8	29.5	13.9	1.3	28.0	4.8	11.7	14.0	5.1	17.5	15.1

序号	A5.3	A6.6	A6.4	A6.2	A8.8	A8.4	A8.2	A9.7	A10.8	A12.10	A12.8	A12.6	A12.4
17	1.9	10.7	16.0	16.4	1.9	4.7	18.6	17.0	6.3	23.9	13.7	10.5	8.2
18	15.2	6.8	25.8	18.6	13.8	20.3	26.4	26.3	2.6	20.6	19.7	25.8	6.2
19	6.5	2.3	38.2	6.3	7.7	16.7	12.5	11.6	12.0	27.6	14.1	5.3	7.9
20	7.8	14.7	14.1	5.3	9.1	10.3	2.2	0.9	0.6	8.6	1.4	7.4	12.0
21	9.6	14.7	15.2	5.6	6.8	4.6	4.0	11.1	13.6	18.8	8.2	1.5	7.2
22	17.1	18.0	16.6	3.9	7.1	9.6	4.3	8.9	1.9	16.6	4.6	2.3	0.7
23	18.8	5.3	20.9	20.7	25.1	10.0	14.2	28.3	14.6	17.7	31.6	29.9	20.4
24	16.4	7.2	25.0	5.8	2.4	20.2	14.5	16.1	5.9	4.5	4.7	27.7	26.3
25	2.8	38.3	7.4	4.8	13.8	17.2	0.9	0.5	5.2	12.3	17.1	16.4	17.1
26	12.0	35.4	5.7	13.8	4.5	4.3	18.4	2.4	11.1	22.3	22.2	1.0	13.2
27	24.6	8.8	7.4	16.3	3.6	6.7	21.6	2.9	5.7	2.1	15.6	16.6	14.8
28	18.0	26.2	7.4	7.6	13.6	18.3	8.1	0.6	8.3	7.6	9.0	3.9	1.7
29	16.3	16.2	5.2	11.4	12.1	34.7	13.2	4.8	5.0	2.8	23.8	20.3	21.8
30	26.1	14.7	4.5	4.2	3.4	5.7	13.4	1.7	6.8	5.4	14.2	14.5	17.8
31	27.5	29.1	10.4	2.0	8.8	14.6	6.5	12.5	11.4	12.4	5.2	1.2	7.8
32	19.4	13.9	9.0	10.8	11.8	6.6	8.0	11.1	12.9	23.8	6.9	5.2	13.4
33	19.4	18.8	14.7	5.9	4.6	7.4	6.2	3.5	1.7	20.4	11.3	2.5	8.0
34	11.0	23.8	20.8	1.6	4.8	3.1	10.1	9.4	12.3	16.1	5.2	10.7	1.9
35	4.3	20.7	25.6	4.9	8.9	5.2	7.1	17.1	13.6	18.1	20.5	5.2	13.6
36	10.6	9.8	27.3	3.9	1.4	8.2	11.6	20.1	11.9	17.7	8.2	4.5	0.9
37	19.4	18.8	14.7	5.9	4.6	7.4	6.2	3.5	1.7	20.4	11.3	2.5	8.0
38	5.9	11.5	19.2	4.2	13.4	12.7	1.2	5.2	8.2	7.4	26.0	12.9	1.6
39	5.8	11.6	11.9	3.4	6.5	19.0	9.8	7.3	5.8	21.8	24.5	1.5	2.3
40	6.7	13.2	25.1	10.9	0.5	7.0	9.9	17.0	7.3	23.6	8.0	4.4	4.5

参 考 文 献

［1］ 沈东．水力机组故障分析［M］．北京：中国水利水电出版社，1996.

［2］ 刘云．水轮发电机故障处理与检修［M］．北京：中国水利水电出版社，2002.

［3］ 韩捷．旋转机械故障机理及诊断技术［M］．北京：机械工业出版社，1997.

［4］ 王海．水轮发电机组状态检修技术［M］．北京：中国电力出版社，2004.

［5］ 马宏忠．电机状态监测与故障诊断［M］．北京：机械工业出版社，2007.

［6］ 潘罗平，桂中华．水轮发电机组状态监测技术［M］．广州：华南理工大学出版社，2008.

［7］ 盛兆顺．设备状态监测与故障诊断技术及应用［M］．北京：化学工业出版社，2008.

［8］ 刘晓亭，冯辅周．水电机组运行设备监测诊断技术及应用［M］．北京：中国水利水电出版社，2010.

［9］ 王玲花．水轮发电机组振动及分析［M］．郑州：黄河水利出版社，2011.

［10］ 李启章．水轮发电机组的振动监测和故障诊断系统［J］．贵州水力发电，2000，（3）：50－53.

［11］ 陈喜阳．水电机组状态检修中若干关键技术研究［D］．华中科技大学，2005.

［12］ 柳昌庆，王启广．测试技术与实验方法［M］．徐州：中国矿业大学出版社，2001.

［13］ 杨虹．水电厂自动化元件与状态监测及故障诊断技术［M］．北京：中国水利水电出版社，2014.

［14］ DL/T 556—1994 水轮发电机组振动监测装置设置导则［S］．北京：中国电力出版社，1994.

［15］ GB/T 15468—2006 水轮机基本技术条件［S］．北京：中国标准出版社，2006.

［16］ GB/T 17189—2007 水力机械（水轮机、蓄能泵和水泵水轮机）振动和脉动现场测试规程［S］．北京：中国标准出版社，2007.

［17］ GB/T 20043—2005 水轮机、蓄能泵和水泵水轮机水力性能现场验收试验规程［S］．北京：中国标准出版社，2005.

［18］ GB/T 28570—2012 水轮发电机组状态在线监测系统技术导则［S］．北京：中国标准出版社，2012.

［19］ GB/T 11348.5—2012 旋转机械转轴径向振动的测量和评定（第5部分）：水力发电厂和泵站机组［S］．北京：中国标准出版社，2012.

［20］ 吴子英，李郁侠，刘宏昭，等．短时傅立叶变换在大型水轮发电机组振动分析中的应用［J］．水力发电学报，2005，6：115－120.

［21］ 陈喜阳，王善永，孙建平，等．基于CWT灰度矩的水电机组振动征兆提取［J］．电力系统自动化，2007，（9）：68－71.

［22］ 冯志鹏，朱萍玉，褚福磊．基于自适应多尺度线性调频小波分解的水轮机非平稳振动信号分析［J］．中国电机工程学报，2008，（8）：105－110.

［23］ 冯志鹏，李学军，褚福磊．基于平稳小波包分解的水轮机非平稳振动信号希尔伯特谱分析［J］．中国电机工程学报，2006，（12）：79－84.

［24］ 薛延刚，王瀚，罗兴锜，等．基于降采样HHT的水轮机振动信号研究［J］．西安理工大学学报，2010，（02）.

［25］ 贾嵘，王小宇，罗兴锜．经验模式分解的改进及其在水轮发电机组振动信号分析中的应用［J］．机械科学与技术，2007，（05）.

［26］ 黄志伟，周建中，张勇传．水轮发电机组转子不对中－碰摩耦合故障动力学分析［J］．中国电机工程学报，2010，（8）：88－93.

［27］ 宋志强，陈婧，马震岳．水轮发电机组轴系横纵耦合振动研究［J］．水力发电学报，2010，（6）：149－155.

［28］ 赵磊，张立翔．水轮发电机转子轴系电磁激发横－扭耦合振动分析［J］．中国农村水利水电，

2010，（3）：136 - 139.

[29] 王正伟，周凌九，何成连 . 尾水管压力脉动的模拟与现场实测 [J]. 清华大学学报（自然科学版），2005，（8）：1138 - 1141.

[30] 郑源，汪宝罗，屈波 . 混流式水轮机尾水管压力脉动研究综述 [J]. 水力发电，2007，（2）：66 -69.

[31] 吴玉林，吴晓晶，刘树红 . 水轮机内部涡流与尾水管压力脉动相关性分析 [J]. 水力发电学报，2007，（5）：122 - 127.

[32] 华斌 . 贝叶斯网络在水电机组状态检修中的应用研究 [D]. 华中科技大学，2004.

[33] 安学利 . 水力发电机组轴系振动特性及其故障诊断策略 [D]. 华中科技大学，2009.

[34] 彭文季 . 水电机组振动故障的智能诊断方法研究 [D]. 西安理工大学，2007.

[35] 刘忠 . 基于人工免疫系统的水电机组智能诊断方法研究 [D]. 华中科技大学，2007.

[36] 肖剑 . 水电机组状态评估及智能诊断方法研究 [D]. 华中科技大学，2014.

[37] 张清华 . 基于人工免疫系统的机组故障诊断技术 [M]. 北京：中国石化出版社，2008.

[38] 葛新峰 . 水电机组运行特性动态报警及故障诊断 [M]. 南京：河海大学出版社，2012.